科学。奥妙无穷▶

U0597124

印刷改变世界

YINSHUAGAIBIANSHIJIE

李应辉 编著

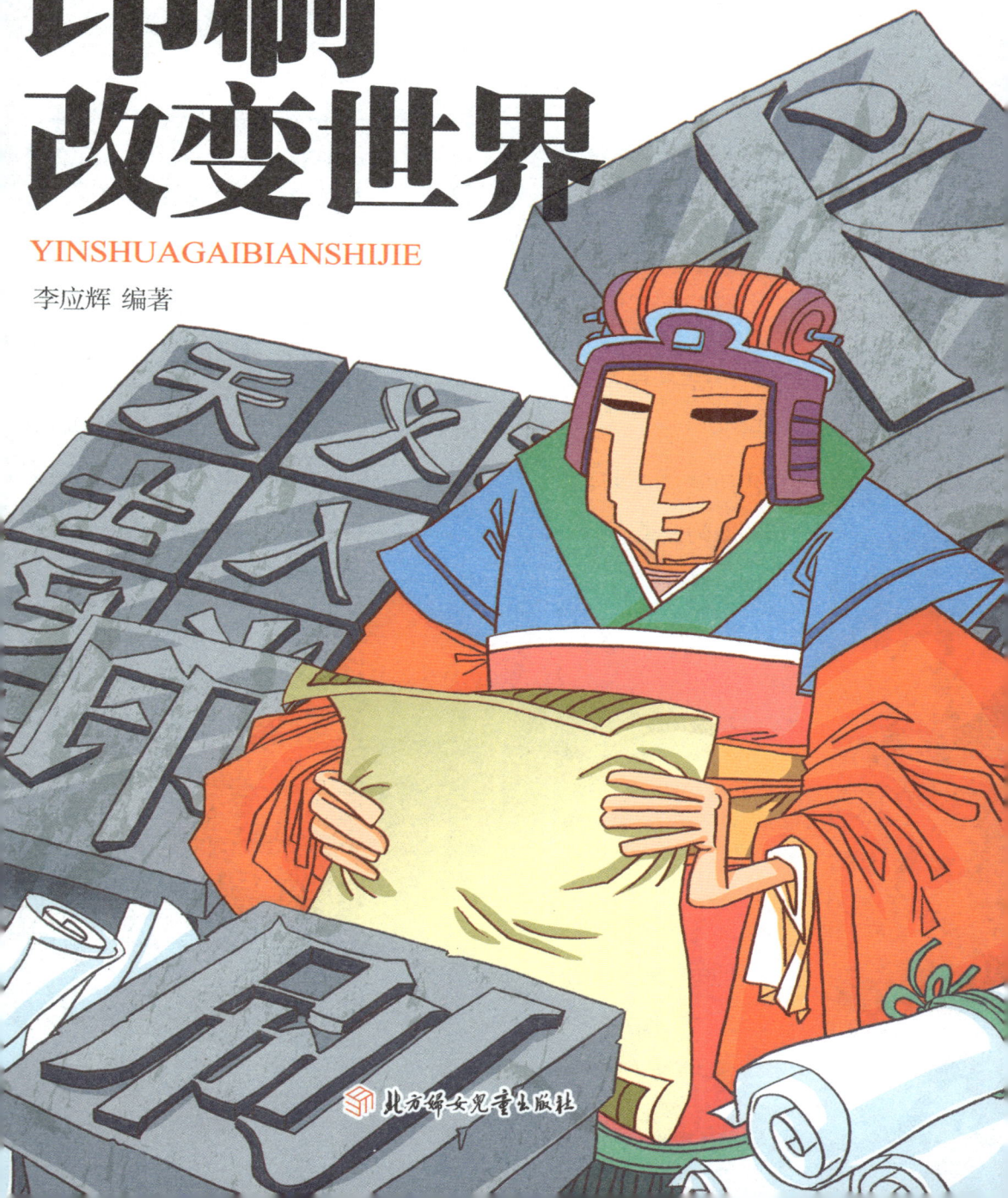

北方妇女儿童出版社

印刷术的起源 /6

古代印刷术的发展历史 /10

战国私人印章 /10

汉代印章和拓碑 /10

东晋雕版印刷术的先驱 /12

唐朝雕版印刷术 /12

雕版印刷术的发明 /13

活字印刷术的发明 /15

宋朝活字印刷术 /15

元朝木活字 /17

现代印刷术的发展 /20

印刷术的分类 /24

凸版印刷 /24

基本原理 /25

凸版印刷工艺 /26

平版印刷 /31

平版印刷基本原理 /32

平版印刷方式 /33

平版印刷之优缺点 /34

平版印刷工艺 /35

凹版印刷 /38

凹版印刷概述 /39

凹版印刷的特点 /41

孔版印刷 / 43

　　孔版印刷的简介 / 43

　　孔版印刷的分类 / 44

　　孔版印刷的原理 / 46

　　孔版印刷之优劣点 / 46

印刷术的传播 / 48

　　印刷术向日本的传播 / 48

　　印刷术在越南、菲律宾等国家的传播及使用 / 50

　　印刷术向西方传播 / 52

　　印刷术向非洲埃及的传播 / 55

印刷术发明的基础—— 造纸术的发明 / 56

　　造纸术的发明 / 56

　　　造纸术的起源 / 57

　　　蔡伦改进造纸术 / 58

　　　造纸术发明初期 / 59

　　　造纸技术的发展 / 60

　　　纸的盛行 / 62

　　造纸术的传播 / 68

　　　东亚国家的传播 / 68

　　　阿拉伯国家的传播 / 69

　　　欧洲国家的传播 / 70

目

录

造纸的方法过程 /72

古代造纸 /72

现代造纸方法 /73

机械造纸工序 /75

印刷术的成果——古籍 /78

印刷形式 /79

中国古籍形制 /79

古籍的版别 /80

写本 /81

稿本 /81

缮遍本 /82

印稿本 /83

殿本 /84

善本 /85

聚珍本 /86

古籍保存与保护 /88

温湿度的作用 /88

古籍特藏书库环境温湿度 /89

温湿度测定 /90

古籍损坏环境因素的防治 /91

古籍的破损类型 /93

古籍修复常识 /97

古籍修复的原则

修补古书用纸的选择 /98

修复古籍用胶黏剂的选择 /98

印刷术发明的意义 /100

知识储存、更新和扩散的方式的改变 /100

搜索知识的方式的改变 /102

学习方式的变化 /102

印刷术的发展与汉字的演变 /104

中国书法史 /104

先秦书法 /105

开创先河的秦代书法 /106

隶书大盛的汉代书法 /107

魏晋书法 /108

南北朝书法 /109

唐代书法 /110

存唐遗风的五代书法 /111

帖学大行的宋代书法 /112

宗唐宗晋的元代书法 /113

明代书法 /114

清代书法 /115

中华文字库 /117

字体演进中断的原因 /120

印刷术的发展成熟与汉字字体演化的中断 /122

目录

● 印刷术的起源

印刷术是中国古代四大发明之一。中国的印刷术是人类近代文明的先导，为知识的广泛传播、交流创造了条件。印刷术发明之前，文化的传播主要靠手抄的书籍。手抄费时、费事，又容易抄错、抄漏。既阻碍了文化的发展，又给文化的传播带来不应有的损失。印章和石刻给印刷术提供了直接的经验性的启示，用纸在石碑上墨拓的方法，直接为雕版印刷指明了方向。中国的印刷术经过雕版印刷和活字印刷两个阶段的发展，给人类社会的发展献上了一份厚礼。

造纸术、指南针、火药、活字印刷术的发明合称四大发明，此说法最早由英国汉学家李约瑟提出，并为后来许多中国的历史学家所继承，普遍认为这四种发明对中国古代的政治、经济、文化的发展产生了巨大的推动作用，且这些发明经由各种途径传至西方，对世界文明发展史也产生了很大的影响。毛笔和墨的发明，使得读书人不仅能读书还能书写，不必像刀笔时代那样需要一个刻写匠随时侍候，而且更方便记录自己的思想。春秋以前，我国历史上虽然不乏大政治家、大思想家，但没有一人亲自著书，原因就在这里。

秦朝蒙恬发明用石灰水浸毛，从而去除毛表面物质的方法，促使毛笔的制作技术最终定型，毛笔才真正成为书写工具。至此，古人找到了书写流利、省时省力的书写方法，使书写不再是一件苦

6

差事，有闲阶层的人们闲暇之余也会写上几笔，以消磨时间，并力图写得漂亮，甚至互相比试以博一笑，开创了书法艺术的先河。

汉字结构复杂，每个人写的字都会不同，有的秀丽美观，有的粗鄙丑陋，促使人们追求书法艺术。提高书法技能的重要途径是模仿好的书法作品，但是写字好的人，一般都是书吏之类，其大部分作品是政府公文，一般人很难见到。古代盛行石碑刻文，找写字好的人写成底文，再由石匠刻出，是人们练习写字的最好模本。但是石碑笨重，无法带回家中继续模仿。

西汉晚期已出现纸张，但那时的纸张纤维粗糙，着墨性能差，主要是代替布用作包裹、衬垫之物，也有偶尔在包装纸上写字记事的现象，如悬泉（或者是居延）遗址发现写有药名的纸张。造纸技术先是借鉴我国早已成熟的缫丝技术，把纤维物质浸于水捣碎以分散纤维，将碎纤维捞出摊晾而成，纤维粗、纸质厚、书写性能差，未能广泛用作书写材料。东汉和帝时的蔡伦改革造纸法，制出薄而均匀、纤维细密的新型纸，大大提高了纸的书写性能，纸的主要用途才被转向书写。

纸张薄而软，使得书法练习者们想出仿照印章盖印拓印碑文的方法，带回家模仿，即拓片方式。纸的发明，使拓印成为可能，使每个书吏都能练就一手好字，也造就了三国及晋代大批书法家的出现。西文字母文字结构简单、字母数量少而且用硬笔书写，可以写得很花哨，但无艺术可言。人们写好几十个字母后，就可以大量写字，没有拓片模仿他人字迹的需求，纸能写字就行了，没有对造纸术的需求，所以西方人没有发明造纸术的社会基础。

隋炀帝创建科举制度，用写文章的办法选拔官员，写的一手好文章人就能当官。传播好的文章的要求又在社会上出现，专业抄书匠们为了大量复制好文章，仿照拓片技术大量复印，后又结合印章阳文反书法，创制雕版印刷术。其出现的年代大约在盛唐至中唐之间，盛行于北宋，最后由毕昇发明泥活字而成熟。直到今天，"写得一手好字，写得一手好文章"仍是文字工作者职业修养的一部分。

文房四宝

文房四宝是中国独有的文书工具，即笔、墨、纸、砚。

文房四宝之名，起源于南北朝时期。历史上，"文房四宝"所指之物处在不断变化中。在南唐时，"文房四宝"特指诸葛笔、徽州李廷圭墨、澄心堂纸、婺源（原属歙州府，现属于江西）龙尾砚。自宋朝以来"文房四宝"则特指湖笔（浙江省湖州）、徽墨（徽州，现安徽歙县）、宣纸（现安徽省泾县，泾县古属宁国府，产纸以府治宣城为名）、端砚（现广东省肇庆，古称端州）和歙砚（现安徽歙县）。

笔，特指毛笔，是古代汉族与西方民族的书写、绘画工具。当今世界上虽然流行铅笔、圆珠笔、钢笔等，但毛笔是替代不了的。据传毛笔为蒙恬所创，所以至今被誉为毛笔之乡的河北衡水县侯店每逢农历三月初三，如同过年，家家包饺子，饮酒庆贺，纪念蒙恬创毛笔。自元代以来，浙江湖州生产的具有"尖、圆、健"特点的"湖笔"成为全国最著名的毛笔品种。

墨，是书写、绘画的色料。唐代制墨名匠奚超、奚廷父子制的墨，受南唐后主李煜的赏识，全家赐国姓"李氏"。从此，"李墨"名满天下。宋时李墨的产地歙县改名徽州，"李墨"改名为"徽墨"。

纸，是汉族的一个伟大发明，现在世界上纸的品种虽然以千万计，但"宣纸"仍然是供毛笔书画用的独特的手工纸，宣纸质地柔韧、洁白平滑、色泽耐久、吸水力强，在国际上有"纸寿千年"的声誉。

砚，俗称砚台，是汉族书写、绘画研磨色料的工具。汉代时砚已流行，宋代则已普遍使用，明、清两代品种繁多，出现了被人们称为"四大名砚"的端砚、歙砚、洮砚和澄泥砚。古代汉族文人对"砚"十分重视，不仅终日相随，而且死后还用之陪葬。

9

古代印刷术的发展历史

顾名思义，印刷术的"印"字，本身就含有印章和印刷两种意思；"刷"字，是拓碑施墨这道工序的名称。从印刷术的命名中已经透露出它跟印章、拓碑的血缘关系。印章和拓碑是活字印刷术的两个渊源。

战国私人印章 ＞

早在公元前4世纪，即战国时期，私人印章就已经很流行了。那时称为"玺"。秦始皇灭六国，得楚和氏璧，凿国玺，"玺"字从此被封建帝王垄断。皇帝的印章才得称"玺"，一般人的"玺"只好称印章。

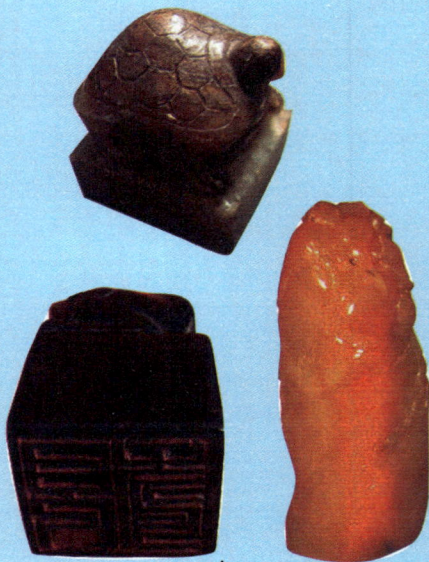

汉代印章和拓碑 ＞

汉代印章盛行。起初的印章多是凹入的阴文，用于封泥之上，后来纸张流行，封泥逐渐失去效用，水印起而代之，凸起的阳文多起来。印章创造了从反刻的文字取得正字的方法，阳文印章提供了一种从阳文反写的文字取得阳文正写的文字的复制技术。

拓碑是印刷术的另一个渊源。汉武帝"罢黜百家，独尊儒术"。但当时儒家

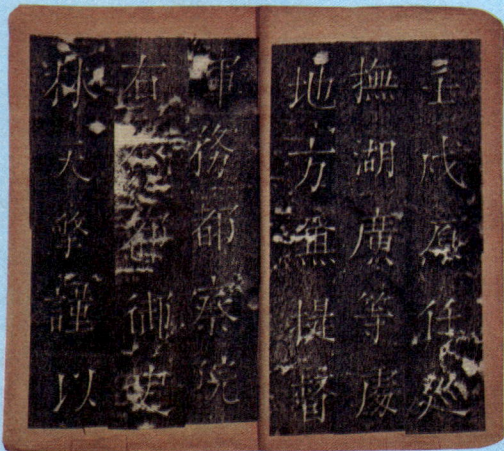

典籍全凭经师口授，学生笔录。因此，即使是不同的经师教授的同一典籍也难免会有差异。汉灵帝熹平四年（公元175年），政府立石将重要的儒家经典全部刻在上面，作为校正经书的标准本。为了免除从石刻上抄录经书的劳动，大约在公元4世纪左右，人们发明了拓碑的方法。拓碑的方法很简便。把一张坚韧的薄纸浸湿后敷在石碑上，再蒙上一张吸水的厚纸，用毛刷轻敲，到纸陷入碑上刻字的凹穴时为止，然后揭去外面的厚纸，用棉絮或丝絮拍子，蘸着墨汁，轻轻地均匀地往薄纸上刷拍，等薄纸干后揭下来，便是白字黑地的拓本。这种拓碑的方法，跟雕版印刷的性质相同，所不同的是，碑帖的文字是内凹的阴文，而雕版印刷的文

字是外凸的阳文。石碑上的文字是阴文正写。"拓碑"提供了从阴文正字取得正写文字的复制技术。后来，人们又把石碑上的文字刻在木板上，再流传下去。唐代大诗人杜甫在诗中曾说："峄山之碑野火焚，枣木传刻肥失真"。这和雕版印刷已经所差无几了。

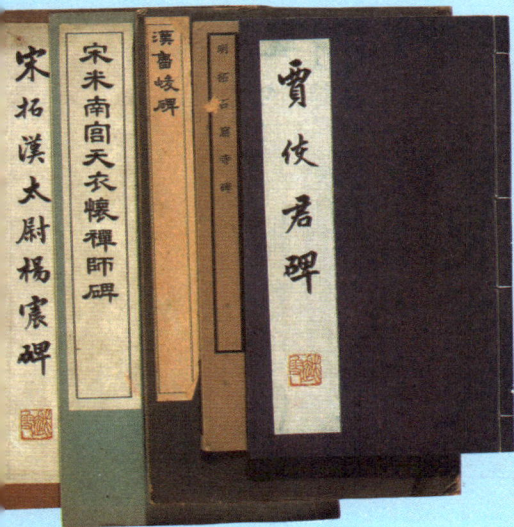

11

东晋雕版印刷术的先驱 ＞

印章的面积本来很小，只能容纳姓名或官爵等几个文字。东晋时期，道教兴起。道教的一派注重符箓。他们在桃木枣木上刻文字较长的符咒，从而扩大了印章的面积。据晋代葛洪的《抱朴子》一书中记载，道家有一种刻着120个字的复印。可见当时已经能够用盖印的方法复制一篇短文了。这实际上就是雕版印刷术的先驱。

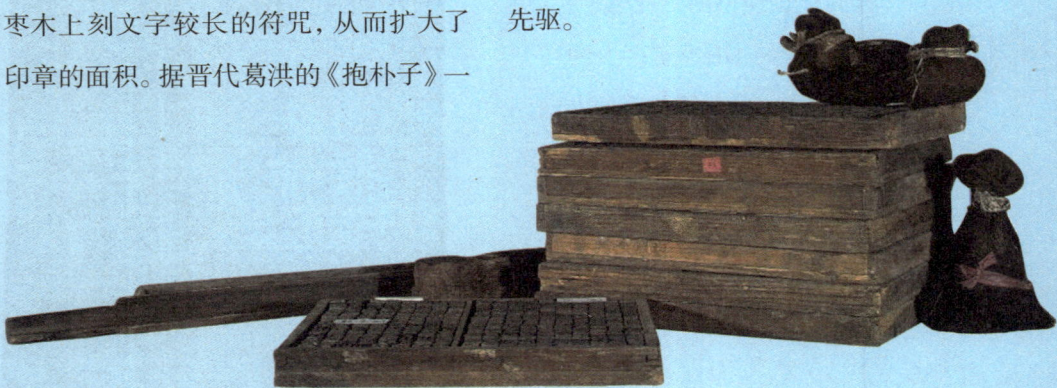

唐朝雕版印刷术 ＞

在唐代，印章与拓碑两种方法逐渐发展合流，从而出现了雕版印刷术。唐穆宗长庆四年十二月十日，即公元825年1月2日，诗人元稹为白居易《长庆集》作序，说到当时扬州和越州一带处处有人将白居易和他自己的诗"缮写模勒"，在街上售卖或用来换取茶酒。"模勒"就是刊刻。这是现存文献中有关雕版印刷术的最早记载。公元836年，唐文宗根据东川节度使冯宿的报告，下令禁止各道私制日历。冯宿在他的报告中说："每年中央司天台还没奏请颁布新历书的时候，民间私印的历书已飞满天下。"可见当时民间从事雕版印刷业的人是很多的。

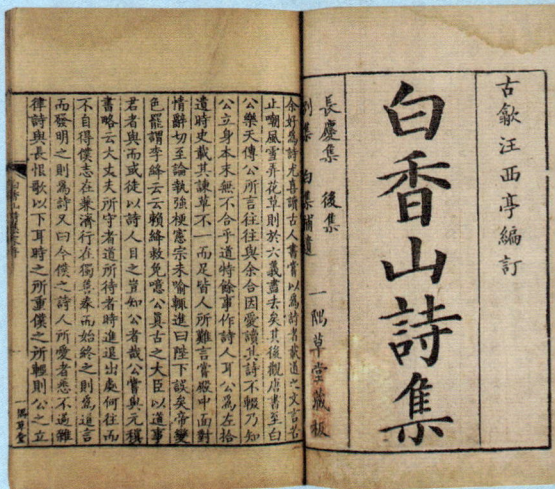

• 雕版印刷术的发明

雕版印刷的过程大致是这样的：将书稿的写样写好后，使有字的一面贴在板上，即可刻字，刻工用不同形式的刻刀将木板上的反体字的墨迹刻成凸起的阳文，同时将木板上其余空白部分剔除，使之凹陷。板面所刻出的字大约高出版面1-2毫米。用热水冲洗雕好的板，洗去木屑等，刻板过程就完成了。印刷时，用圆柱形平底刷蘸墨汁，均匀刷于板面上，再小心把纸覆盖在板面上，用刷子轻轻刷纸，纸上便印出文字或图画的正像。将纸从印版上揭起，阴干，印制过程就完成了。一个印工一天可印1500-2000张，一块印版可连印万次。

刻板的过程有点像刻印章的过程，只不过刻的字多了。印的过程与印章相反。印章是印在上，纸在下。雕版印刷的过程，有点像拓印，但是雕版上的字是阳文反字，而一般碑石的字是阴文正字。此外，拓印的墨施在纸上，雕版印刷的墨施在版上。由此可见，雕版印刷术既继承了印章、拓印、印染等的技术，又有创新技术。雕版印刷的发明时间，历来是一个有争议的问题，经过反复讨论，大多数专家认为雕版印刷的起源时间在公元590-640年之间，也就是隋朝至唐初。唐初已有印刷品出土。1900年，在敦煌千佛洞里发现一本印刷精美的"金刚经"，末尾题有"咸通九年四月十五日（公元868年）"等字样这是目前

阳文反字

阴文正字

世界上最早的有明确日期记载的印刷品。雕版印刷的印品，可能开始只在民间流行，并有一个与手抄本并存的时期。唐穆宗长庆四年，诗人元稹为白居易的《长庆集》作序中有"牛童马走之口无不道，至于缮写模勒，街卖于市井"。"模勒"就是模刻，"街卖"就是叫卖。这说明当时的上层知识分子白居易的诗的传播，除了手抄本之外，已有印本。

13

宋代，雕版印刷已发展到全盛时代，各种印本甚多。较好的雕版材料多用梨木、枣木。因此，对刻印无价值的书常以"灾及梨枣"的成语来讽刺，意思是白白糟蹋了梨、枣树木。可见当时刻书风行一时。

雕版印刷开始只有单色印刷，五代时有人在插图墨印轮廓线内用笔添上不同的颜色，以增加视觉效果。天津杨柳青版画现在仍然采用这种方法生产。将几种不同的色料，同时上在一块版上的不同部位，一次印于纸上，印出彩色印张，这种方法称为"单版复色印刷法"。用这种方法，宋代曾印过"交子"（当时发行的纸币）。

单版复色印刷色料容易混杂渗透，而且色块界限分明，显得呆板。人们在实际探索中，发现了分版着色，分次印刷的方法，这就是用大小相同的几块印刷版分别载上不同的色料，再分次印于同一张纸上，这种方法称为"多版复色印刷"又称"套版印刷"。"多版复色印刷"的发明时间不会晚于元代，当时，中兴路（今湖北江陵县）所刻的《金刚经注》就是用朱墨两色套印的，这是现存最早的套色印本。多版复色印刷在明代获得较大的发展。明清两代，南京和北京是雕版中心。明代设立经厂，永乐的北藏、正统的道藏，都是由经厂刻版。清代英武殿本及雍正的龙藏，都是在北京刻版。明初，南藏和许多官刻书都是在南京刻版。嘉靖以后，到16世纪中叶，南京成了彩色套印中心。

宋朝活字印刷术 〉

北宋仁宗庆历元年至八年间，即公元1041—1048年间，一位名叫毕昇的普通劳动者发明了活字印刷术。

沈括比毕昇小十几岁，是同时代的人，而且毕昇制造的陶活字后来归沈括的侄子所有，因此，沈括《梦溪笔谈》中关于毕昇发明活字印刷术的记载是翔实可信的。

然而，一些欧洲人曾经把活字印刷术的发明归功于谷登堡。谷登堡是德国人。他发明铅活字印刷术，大约是公元1440—1448年间的事，比毕昇发明陶活字印刷术整整晚了400年。活字印刷术是人类历史上最伟大的发明之一，是中国对世界文化的重大贡献。

毕昇

• 活字印刷术的发明

宋朝，印刷业更加发达，全国各地到处都刻书。北宋初年，成都印《大藏经》，刻版十三万块；北宋政府的中央教育机构—国子监，印经史方面的书籍，刻版十多万块。从这两个数字可以看出当时印刷业规模之大。宋朝雕版印刷的书籍，现在知道的就有七百多种，而且字体整齐朴素，美观大方，后来一直为我国人民所珍视。宋朝的雕版印刷，一般多用木版刻字，但也有人用铜版雕刻。上海博物馆收藏有北宋"济南刘家功夫针铺"印刷广告所用的铜版，可见当时也掌握了雕刻铜版的技术。说起印制书籍，雕版印刷的确是一个伟大的创造。一种书，只雕一回木板，就可以印刷很多部。可是用这种方法，印一种书就得雕一回木板，费的人工仍旧很多，无法迅速地、大量地印刷书籍，有些书字数很多，常常要雕刻好多年才能雕好，万一

15

这部书印了一次不再重印，那么，雕得好好的木版就完全没用了。有什么办法改进呢？

到了 11 世纪中叶（宋仁宗庆历年间），我国有个发明家叫毕昇，终于发明了一种更进步的印刷方法—活字印刷术，使我国的印刷技术大大提高。毕昇用胶泥做成一个一个四方长柱体，一面刻上单字，再用火烧硬，这就是一个一个的活字。印书的时候，先预备好一块铁板，铁板上面放上松香和蜡之类的东西，铁板四周围着一个铁框，在铁框内密密地排满活字，铁框装满即为一版，再用火在铁板底下烤，使松香和蜡等熔化。另外用一块平板在排好的活字上面压一压，把字压平，一块活字版就排好了。它同雕版一样，只要在字上涂墨，就可以印刷了。为了提高效率，他准备了两块铁板，组织两个人同时工作，一块板印刷，另一块板排字；等第一块板印完，第二块板已经准备好了。两块铁板互相交替着用，印得很快。毕昇把每个单字都刻好几个；常用字刻二十多个，碰到没有预备的冷僻生字，就临时雕刻，用火一烧就成了，非常方便。印过以后，把铁板再放在火上烧热，使松香和蜡等熔化，把活字拆下来，下一次还能使用。这就是最早发明的活字印刷术。这种胶泥活字，称为泥活字，毕昇发明的印书方法和今天的比起来，虽然很原始，但是活字印刷术的三个主要步骤：制造活字、排版和印刷都已经具备。所以，毕昇在印刷方面的贡献是非常了不起的。

元朝木活字 >

元初，王祯（1271-1368年）创制了木活字。王祯是山东东平人，是一位农学家，做过几任县官，他留下一部总结古代农业生产经验的著作——《农书》。王祯关于木活字的刻字、修字、选字、排字、印刷等方法都附在这本书内。他在安徽旌德请工匠刻木活字3万多个，于元成宗大德二年（1298年）试印了6万多字的《旌德县志》，不到一个月就印了一百部可见效率之高。这是有记录的第一部木活字印本。

王祯在印刷技术上的另一个贡献是发明了转轮排字盘。用轻质木材做成一个大轮盘，直径约七尺，轮轴高三尺，轮盘装在轮轴上可以自由转动。把木活字按古代韵书的分类法，分别放入盘内的一个个格子里。他做了两副这样的大轮盘，排字工人坐在两副轮盘之间，转动轮盘即可找字，这就是王祯所说的"以字就人，按韵取字"。这样既提高了排字效率，又减轻了排字工的体力劳动。是排字技术上的一个创举。

> **早期雕版印刷品之最**

1.《女则》——中国考古资料中记载的最早的雕版印刷品

据相关史料记载，唐太宗的皇后长孙氏贤良淑德、敦厚载物，其在位期间收集了封建社会中妇女典型人物的故事，并对后妃的事迹加以评论，编写了一本叫《女则》的书。贞观十年，长孙皇后病逝，唐太宗下令用雕版将《女则》印刷出来。明朝史学家邵经邦著《弘简录》记载唐太宗下令执行《女则》一事，为雕版印刷发明于唐初或更早一些时间提供了文献证据，即公元 636 年之前已经有雕版印刷术。这是我国文献资料中提到的最早的刻本。

2.《金刚经》——世界上现存最早的标有确切日期的雕版印刷品

《金刚经》原名《金刚般若波罗蜜经》。1900 年，敦煌千佛洞在整修洞窟时，发现了一个秘密的复窟，里面堆满了古写本和古画。其中最珍贵的是一卷雕版印制的《金刚经》，全长 488 厘米，宽约 0.3 厘米，高 24.4 厘米，由七张粘连起来而成一卷，卷首为佛像画，画着释迦牟尼对弟子们说法的神话故事，天神环绕四周静听，众人皆神色肃穆，后为经文，即《金刚经》的正文。经书画面精美、线条流畅、字体整齐、着墨均匀、刀法纯熟、印刻精美，是优美的版画艺术。末有"咸通九年四月十五日王为二亲敬造普施"题记，即这部《金刚经》是一个叫王玠的人在唐懿宗咸通九年即公元 868 年为他父母祈福消灾而刻印的佛教经书，距今已有 1100 年了。《金刚经》也

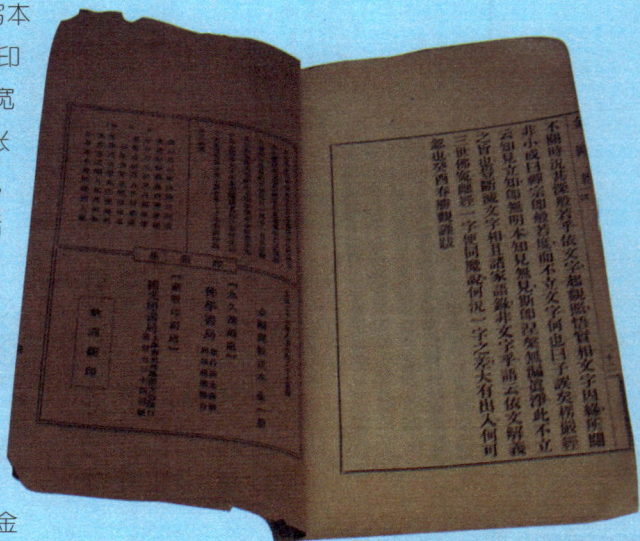

是我国古代印刷术发明的一个重要佐证，现在被英国的大英博物馆收藏。

3.《陀罗尼经咒》——中国现存最早的印刷品

现藏于四川省博物馆。此经为唐代雕刻的古梵文经咒，约一尺见方，纸张为纤维较粗的黄麻纸，呈圆形，四周和中央印有小佛像，边上有一行字清晰可辨，为"成都府成都县龙池坊卞家印卖咒本"，除左角稍破损外，基本完好。图像生动，刀法圆润，纸张古朴，印刷清晰。此经咒所题"成都府'卞家卖'"可以说明四川成都在 8 世纪中叶雕版印刷已经流行。

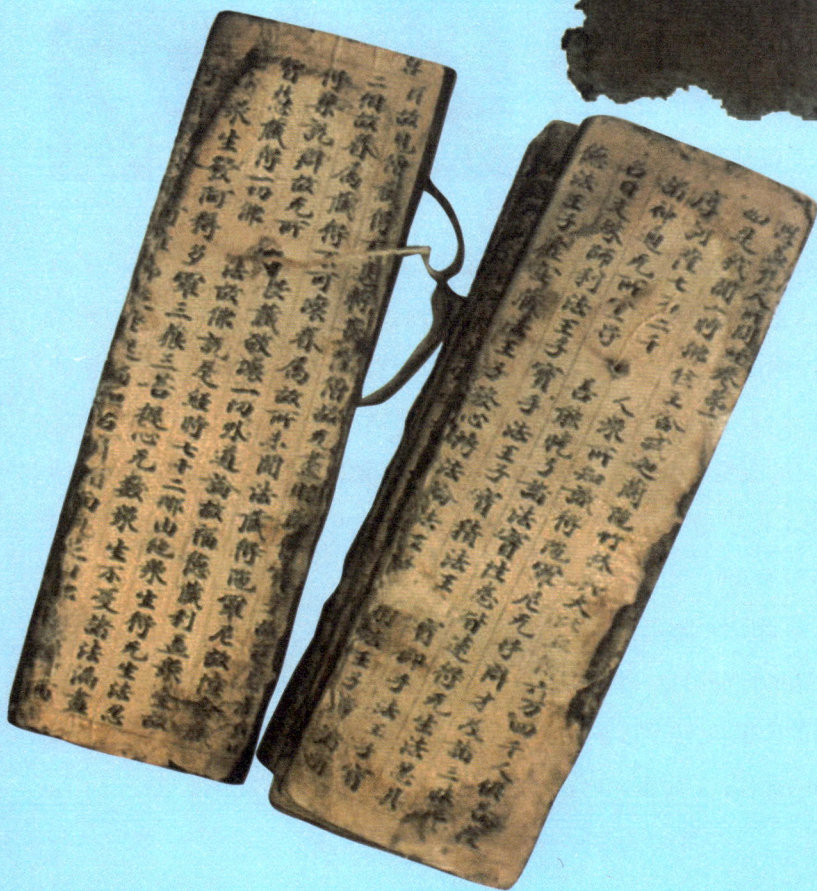

现代印刷术的发展

YIN SHUA GAI BIAN SHI JIE

我国发明的活字版印刷术，在国外得到了进一步的发展和完善，成为现代印刷术的主流。对中国古代活字版印刷术，有突出改进和重大发展的是德国人谷登堡，他创造的铅合金活字版印刷术，被世界各国广泛应用，直到现在，仍为当代印刷方法之一。

谷登堡发明活字版印刷术大约在公元1440–1448年，虽然比毕昇发明活字版印刷术晚了400年之久，但是谷登堡在活字材料的改进、脂肪性油墨的应用，以及印刷机的制造方面都取得了巨大的成功，从而奠定了现代印刷术的基础。

谷登堡用作活字的材料是铅、锡、锑合金，易于成型，制成的活字印刷性能好，像这样的配比成分，甚至到500年后的今天也没有太大的改变。在铸字的工艺上，谷登堡使用了铸字用的字盒和字模，使活字的规格容易控制，也便于大量的生产。谷登堡首创脂肪性油墨，大大地提高了印刷质量，脂肪性油墨也一直沿用至今。谷登堡发明的印书机，虽然结构简单，但改进了印刷的操作，是后世印刷机

约翰·古登堡

的张本。以上这些都是毕昇发明活字版印刷术所没有的，也是毕昇活字版印刷术没能广泛流传的技术原因。谷登堡的创造，使印刷术跃进了一大步。

1457年德国的福斯特和舒奥佛发明了多色印刷，出现了印刷出来的彩色书籍。

1620年，荷兰的伯勒奥改进了印刷机，他在印刷机上加上一个平衡锤，使沉重的铁压板每印一次就自动提升，大大减轻了印刷工人的体力消耗，也提高了印

刷的速度。在这之后，印刷术不断改进，出现了许多快速方便的印刷术。

1845年，德国生产了第一台快速印刷机，这以后才开始了印刷技术的机械化过程。

1860年，美国生产出第一批轮转机，以后德国相继生产了双色快速印刷机、印报纸用的轮转印刷机，到1900年，制造了6色轮转机。

从1845年起，大约经过一个世纪，各工业发达国家都相继完成了印刷工业的机械化。

19世纪，照相机的问世带动了照相排版技术的出现。

1939年，美国的许布纳发明了照相排字机。他把字母相继投射到照相纸面上，然后冲洗出来，贴在一页样本上。这张拼好的版用照相机转拍在金属板的感光膜上，经过酸蚀，使这块印版具有1798年德国人逊纳菲尔德发明的石印版的性能：油墨只附在版上有图形的地方。

随着计算机和激光在人们生活中的应用，印刷技术又一次得到发展，出现了激光照排机。现在，许多出版社、报社和印刷厂都使用这种激光照排机，它的排版速度相当快，照排速度达每秒60个左右，字符存储量也很大，有字体9种，字号16

21

种，每种字有7000个左右，可以满足一般的使用要求。

从20世纪50年代开始，印刷技术不断地采用电子技术、激光技术、信息科学以及高分子化学等新兴科学技术所取得的成果，进入了现代化的发展阶段。70年代，感光树脂凸版、PS版的普及，使印刷迈入了向多色高速方向发展的途径。80年代，电子分色扫描机和整页拼版系统的应用，使彩色图像的复制达到了数据化、规范化，而汉字信息处理及激光照排工艺的不断完善，使文字排版技术产生了根本性的变革。90年代，彩色桌面出版系统的推出，表明计算机全面进入印刷领域。总之，随着近代科学技术的飞跃发展，印刷技术也随之进步。

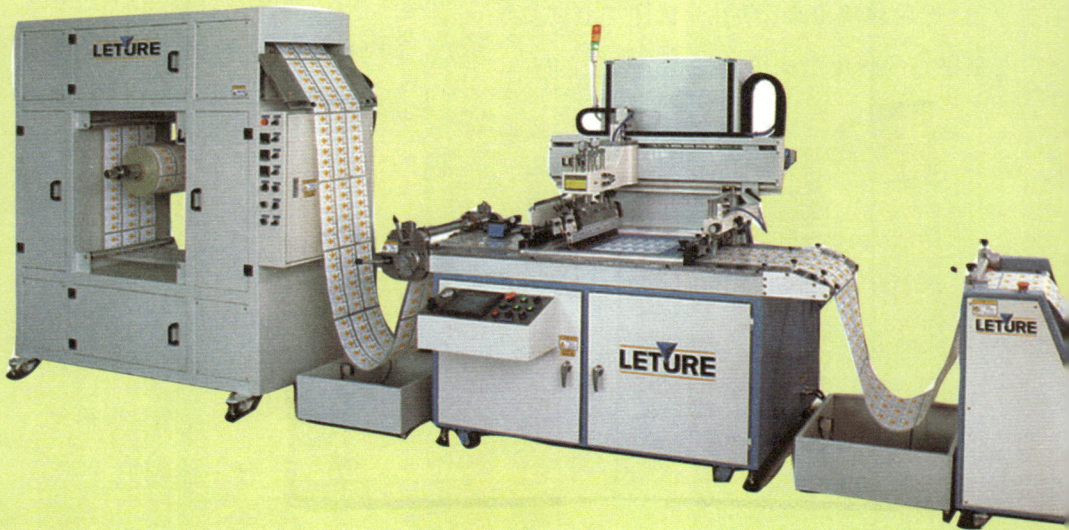

YIN SHUA GAI BIAN SHI JIE

铅活字版的发明者——谷登堡

约翰·谷登堡是德国缅茵兹市的一名公务员，他发明用活字与机械来印制书籍的方法。

约翰·谷登堡熟知制造硬币的钢模、印制扑克牌木刻版和铸造钟铃的字模方式来制成印刷版子，但很快就察觉到每个字母必须要分开，且能移动，同时为了能耐压，则决不可用柔软的木材，而是坚硬的金属。

他的第一个目标是使用熔化的金属铸造个别的铅字，为此谷登堡选用手写字体作为蓝本，为了能模拟手写格式，使一般人不易分辨手写书籍和铅字印刷品的差别，他特地选用"textura"字体（哥德体的一种）作为范本。

约翰·谷登堡为每个字母与每个符号制作一个钢模，压在质软的铜块上形成一个铜模，如此即可铸造大量的铅字。为此谷登堡发明一种手铸工具，将铜模放置其中，只要倾入溶化的合金，字母与符号即可产生，这种合金包含铅、锑、锡与少许比例的铋金属，谷登堡于1450年开办了自己的印刷厂。

但仅是如此仍然不够，印墨也必须自行生产，为此他又发明了脂肪性的印刷油墨。然而这一切准备之首要工作，仍是要制造一部印刷机，为此他又发明了木制印刷机。

经过3年的辛劳工作，四十二行拉丁文圣经终在1455年印刷完成，约装订成200册，每册有1282页，每本都是一样完好而美观。

从此，他的发明传遍全球各个角落，使全世界均能用这种印刷方式印刷读物。

Johann Gutenberg and the Amazing Printing Press

Bruce Koscielniak

● 印刷术的分类

凸版印刷 >

凸版印刷的历史最悠久、最普及，版面图像和文字凸出部分接受油墨，凹进去的部分不接受油墨，当版与纸压紧时，油墨就会印在纸上。印刷版有：活字版、铅版、锌版、铜版，感光树脂版等。有些书刊、票据、信封、名片等还在使用凸版印刷。

使用凸版（图文部分凸起的印版）进行的印刷，简称凸印，是主要印刷工艺之一。历史最久，在长期发展过程中不断得到改进。中国唐代初年发明了雕版印刷技术，是把文字或图像雕刻在木板上，剔除非图文部分使图文凸出，然后涂墨，用纸覆盖刷印，这是最原始的凸印方法。现存有年代可查的最早印刷物《金刚般若波罗蜜经》，已是雕版印刷相当成熟的印品。

• 基本原理

凸版印刷的原理比较简单。在凸版印刷中，印刷机的给墨装置先使油墨分配均匀，然后通过墨辊将油墨转移到印版上，由于凸版上的图文部分远高于印版上的非图文部分，因此，墨辊上的油墨只能转移到印版的图文部分，而非图文部分则没有油墨。印刷机的给纸机将纸输送到印刷机的印刷部件，在印版装置和压印装置的共同作用下，印版图文部分的油墨则转移到承印物上，从而完成一件印刷品的印刷。凡是印刷品的纸背有轻微印痕凸起、线条或网点边缘部分整齐，并且印墨在中心部分显得浅淡的，则是凸版印刷品。凸起的印纹边缘受压较重，因而有轻微的印痕凸起。

柔性版印刷原是一种采用模压橡胶凸版进行印刷的工艺，由于最初采用苯胺染料配制的印刷油墨，故曾名苯胺印刷。最早的苯胺印刷机在 1890 年由英国人首创，最初用于纸袋印刷，后被推广用于食品、药物等包装印刷。因苯胺染料有毒，为卫生组织禁止，所用油墨配方早已改变，人们遂提出更名的建议。1952 年在第 14 届包装年会上议决更名为 flexography。"flexo"具有"柔版"的含义，故译为柔性版印刷。柔性版版材属感旋光性聚合物，如杜邦公司的赛丽版，主要成分为合成橡胶，用有机溶剂显影。还有醇溶性、碱溶

25

性及水溶性的柔性印版。由于版材、油墨及印刷设备的改进，柔性版印刷质量大大提高，已应用于报纸、书刊印刷，是凸版印刷中很有发展前途的工艺。

凸版胶印是用感光聚合物做成薄凸版（一般为 0.25 毫米左右），像胶印那样，印版上的油墨先转印到橡皮布滚筒，再转移到印张上，因此也称为间接凸印。由于印版无需润湿，故又称干胶印。它既有凸印的优点（墨色较厚实），又避免了胶印的弱点（因润湿液而带来的副作用）。但制版成本较高，橡皮布因长期受浮雕型版面的压印容易出现凹瘪痕迹，使用寿命较短，因此应用不广泛。

• 凸版印刷工艺

凸版印刷品的种类很多，有各种开本，各种装订方法的书刊、杂志，也有报纸、画册，还有装潢印刷品等。印刷前对印刷品的种类，印刷要求应了解清楚。使用铅版和感光树脂版的印刷工艺流程为：印刷准备→装版→印刷→质量检查。

（一）印刷准备：印刷每一件产品都需按施工单的要求进行。施工单又叫"生产通知单"。内容包括：书名、开本、印数、页码、印刷和装订方法，纸张规格、质量要求、完成日期等。了解清楚施工单的需求以后，才可以进行准备工作。首先对印版、纸张、油墨进行检查，核对是否符合要求，然后进行印刷机的一般性调整、清洁、润滑；最后检查印版，版面是否清洁、平整、

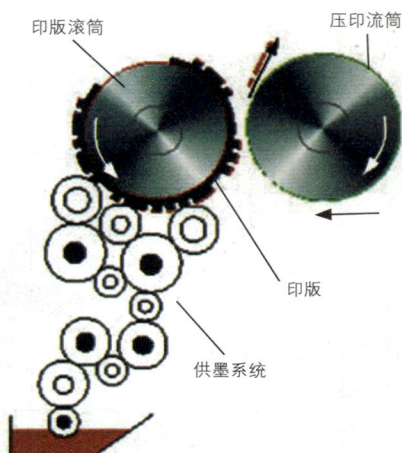

压印滚筒

油墨

凸版印版

印版滚筒

压印流筒

印版

供墨系统

无损伤，印版周边是否呈直角，尺寸是否一致，印版厚度均匀与否，文字、划线是否清晰无损，空白深度是否合适，还要把装版用具如：版框、版托（底板）木条、木塞等准备好，量好各部位的尺寸，即可装版。

（二）装版：将印刷按一定规格，顺序安装到印刷机上，并通过垫版操作，使印刷质量和规格尺寸符合产品要求的工艺过程叫装版或上版。铅版的装版工艺最复杂，工艺流程为：分版→摆版→安装印版→垫板→固定印版→整版。

1.分版：分版是指合理地安排印版页码次序。一般书刊常用的印刷方法有翻版印刷和套版印刷。凡是用一副印版印完正面后，不另换印版进行反面印刷，称为翻版印刷。装一次印版可以在纸张的两面印出产品，从中间裁开得到两张印迹相同的印张。采用翻版印刷时，只要根据书刊页码顺序，把印版分成合适的书帖即可。凡是先用整副印版的一半印在纸张的正面，然后再用另一半印版印在纸张的反面，称为套版印刷。采用套版印刷时，必须先把印版按页码分成若干帖整版，然后再把一副整版分成块数相同的正面和反面两组印版。此外，也可以按照装订方法来分版。

27

2. 摆版：根据装订、折页的要求，按照页码的顺序，把印版摆放在正确的位置上。

3. 安装印版：把经分版、摆版后的大印刷版固定到版台或印版滚筒上。

4. 垫版：调整印版表面上各部分的高低，使印刷压力均匀的过程叫作垫版。首先打出垫版样，调整墨色之后打出垫板样张作为调压依据，并确定标准压力样张。垫版的方法分为下垫、中垫、上垫等三种。当1/3以上版面的压力太轻或太重时，在垫底版下贴纸片或把底版下的纸片撕掉，叫作下垫。当1/3以下，1平方厘米以上的版面压力不平衡时，在铅版下面垫纸或把铅版背面刮薄，叫作中垫。上垫在下垫和中垫之后进行。先将印刷机的墨色调整到基本符合印刷时的墨色，打出上垫。然后在上垫上逐字、逐行地检查压力的轻重，

然后用薄纸条，有序地在压印滚筒上粘贴，直至墨色均匀，压力合乎要求。

5. 固定印版：凸版印刷机种类较多，印版的形式以及厚度都不相同，所以固定印版的方法也不一样。例如：平面的铅版在圆压平凸版印刷机上，用小铁钉把版订在底板上。LP1101单张纸轮转机，是用螺丝把印版紧固在印版滚筒上，而感光树脂版，一般是用双面胶纸直接粘在印版滚筒上或粘在包在滚筒外面的薄膜片基上（薄膜可以取下来在机下上版，减少了上版时的停机时间）。

6. 整版：按照施工单的要求，把印版固定在正确位置上的操作叫作整版。通过整版，达到尺寸正确，字、行、页码等套印准确。整版有三种方法：划样、扎孔样、套红样。平面铅版的整版工作是在下垫、中垫之后把印版基本固定以后进行的，用

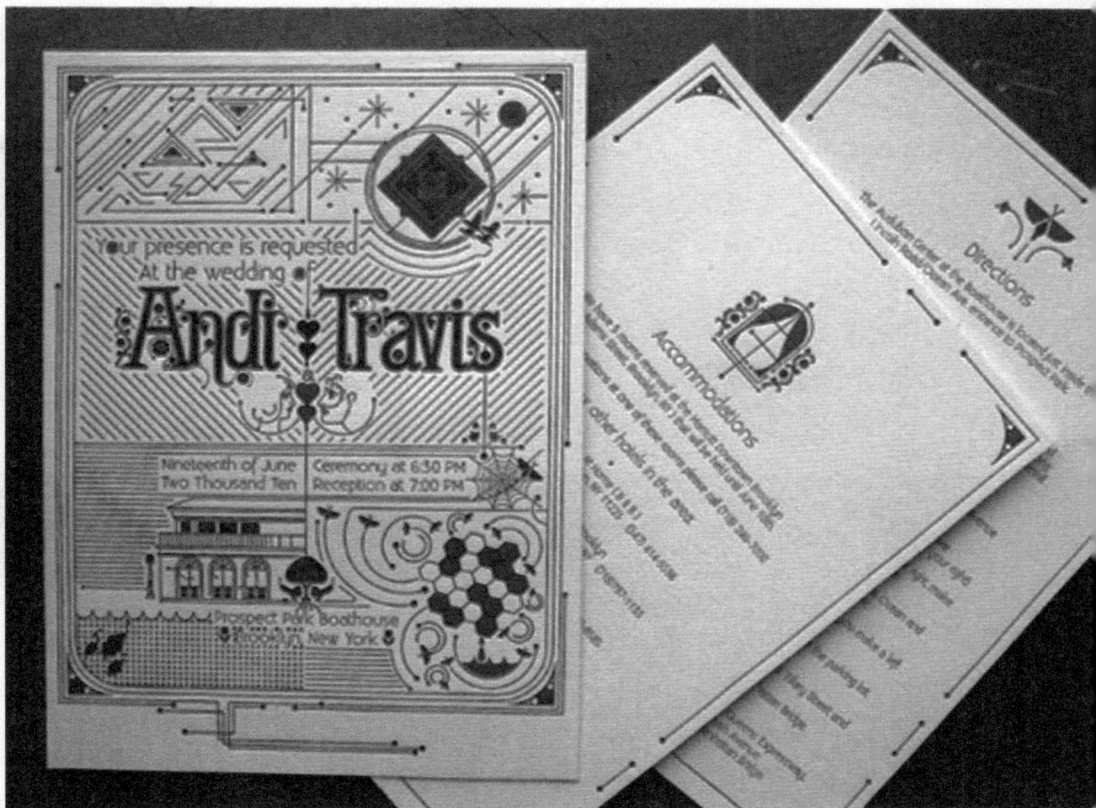

冲板敲正或移动印版位置。弧形铅版可松开固定印版的螺丝，移动印版。感光树脂版是用双面胶纸粘上的，可将印版轻轻揭起，再重新粘贴。在装版时，还要安装印刷标记。印刷标记有两种，一种是侧挡规标记，安装在侧规纸边处，检查套印是否准确，有没有倒头、白页。另一种是折标（也叫帖码），安装在每个书帖最外层的折缝处，目的是在书刊装订时，检查书帖是否有多帖、少帖等。

（三）印刷：装版结束后，要做好开印前的准备工作，才能印刷。

开印前的准备工作：上纸，检查纸路；上油墨，检查墨路是否通畅；检查印版紧固情况；检查印刷机运转状态；打出开印样，与付印样核对，直到开印样和付印样的复制效果基本一致。

印刷过程中的随时检查：随时注意印版、纸路、墨路及机器的工作状态；不时抽检印张，检查供墨情况，并及时调节供墨量；检查套印精度，并及时调节套印状态；检查有无蹭脏、网点发虚、空白等故障。

（四）质量检查

印品内容质量检查：检查印刷品内容

29

是否符合工单的要求；检查文字、图形、插图有无错漏。

印刷技术质量检查：印张是否清洁完整，无损伤和脏污；版芯是否平直端正，天头、地脚、订口、切口尺寸是否符合工单要求；印张正反两面页码字行是否准确套印，折标是否正确放置；印章正反两面是否墨色均匀，要求文字图形不花、不糊、不变形，图像网点清晰结实。

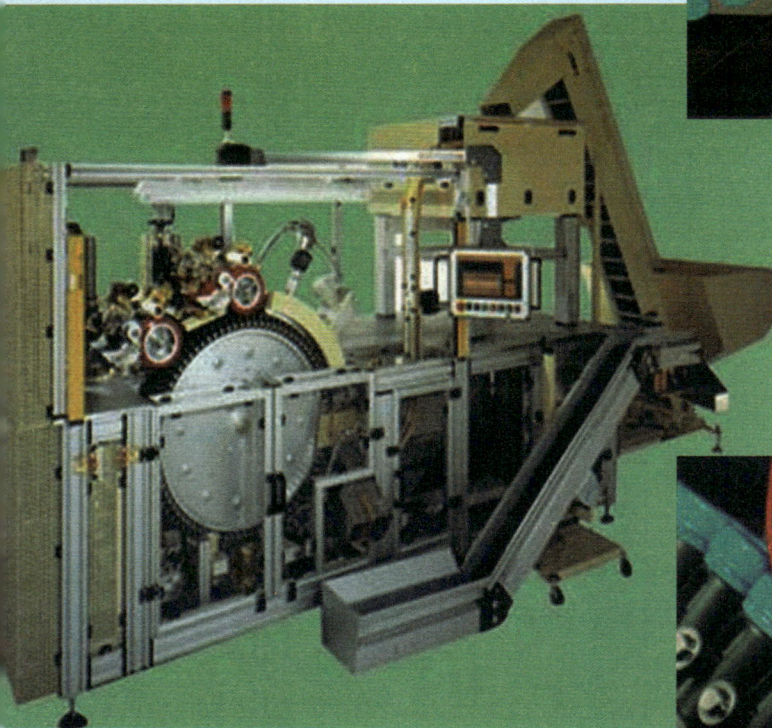

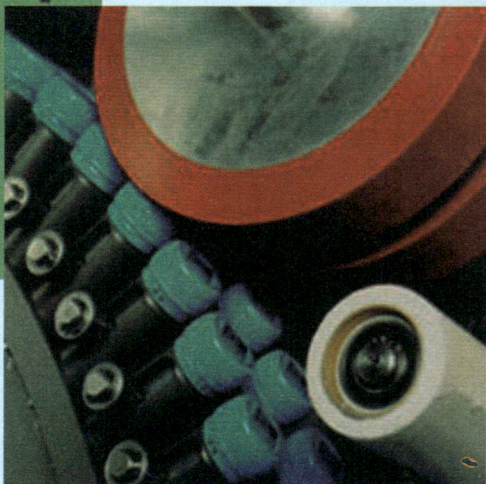

平版印刷 >

这是目前最常见、应用最广泛的印刷方式。图像与非图像在同一平面上,利用水与油墨相互排斥原理,图文部分接受油墨不接受水分,非图文部分相反。印刷过程采用间接法,先将图像印在橡皮滚筒上,图文由正变反,再将橡皮滚筒上的图文转印到纸上。画册、画刊广告样本及年历等均可采用此印刷方式。

平版印刷由于平版印刷印版上的图文部分与非图文部分几乎处于同一个平面上,在印刷时,为了能使油墨区分印版的图文部分还是非图文部分,首先由印版部件的供水装置向印版的非图文部分供水,从而保护了印版的非图文部分不受油墨的浸湿。然后,由印刷部件的供墨装置向印版供墨,由于印版的非图文部分受到水的保护,因此,油墨只能供到印版的图文部分。最后是将印版上的油墨转移到橡皮布上,再利用橡皮滚筒与压印滚筒之间的压力,将橡皮布上的油墨转移到承印物上,完成一次印刷,所以,平版印刷是一种间接的印刷方式。

凡是线条或网点的中心部分墨色较浓,边缘不够整齐,而且又没有堆起的现象,那就是平版印刷品。在印版上图文部分和非图文部分的部分都是平坦的,而在边缘部分因受到水的侵蚀,而显得不平坦。

• 平版印刷基本原理

平版印刷是由早期石版印刷而得名的，早期石版印刷的版材是将石块磨平后使用，之后改良为金属锌版或铝版为版材，但其原理是不变的。

凡是印刷部分与非印刷部分均没有高低之差别，亦即是平面的，利用水油不相混合原理使印纹部分保持一层富有油脂的油膜，而非印纹部分上的版面则可以吸收适当的水分，设想在版面上油墨之后，印纹部分便排斥水分而吸收了油墨，而非印纹部分则吸收水分形成抗墨作用，利用此种方法印刷的方法，就称为"平版印刷"。

平版印刷由早期石版印刷发展之后，因其制版及印刷有其独特的个性，同时在工作上亦极为简单，且成本低廉，故在近代被专家们不断地研究与改进，而成为现今印刷上使用最多的方法。

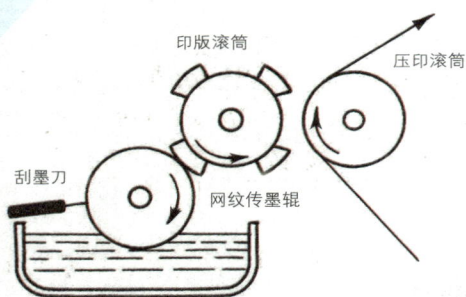

正向刮墨供墨

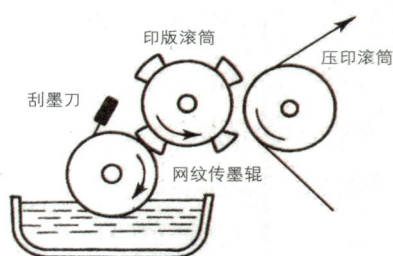

反向刮墨供墨

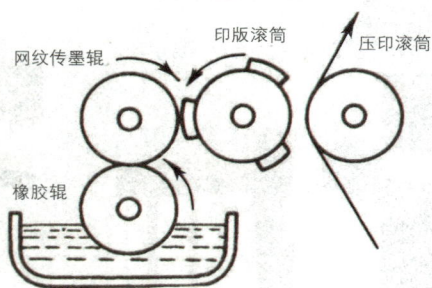

双棍供墨

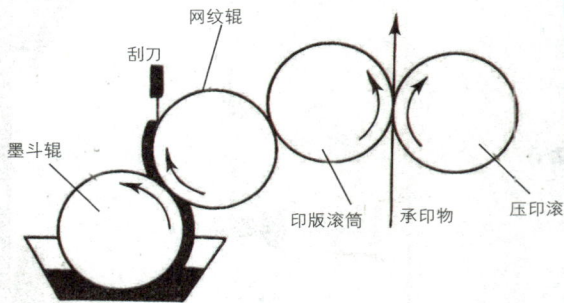

混合式供墨

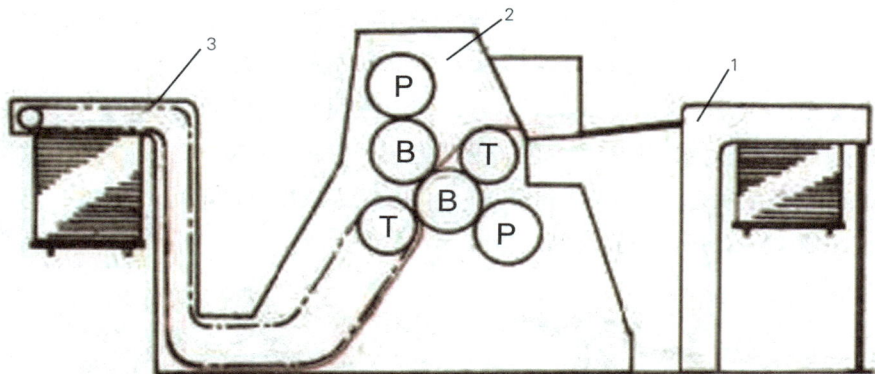

四滚筒型双面单色胶印机结构简图

1给纸　2印刷　3收纸

P 印版滚筒　B 橡皮布滚筒　T 传纸滚筒

• 平版印刷方式

　　平版印刷方式是由早期石版印刷转印方式发展而来，先描绘于转写纸上再落在版上成为反纹，然后印于纸面上为正纹。由于此种方法在印刷时所承受的压力，使本来就是平面版的平版（即印纹部分与非印纹部分均是平面的），在承受了压力之后，使得占在版面上的油墨为之扩散膨胀，而产生画线不良现象，后来经过改良的"柯式印刷法"，其印刷方式是将版面制成正纹，印刷时被转印在橡皮筒上为反纹，再由反纹印到纸上为正纹，借此改进印刷压力的弹性。

　　早期的平版印刷为平版平压型，到后来发展为平版圆压型及圆版圆压型两种，平版圆压型机器大部分使用在特殊印刷上，至于在印刷纸张之类的机器则全部改良圆版圆压型。平版圆压型是印刷版面平放，压力部分是滚筒式的压筒，此种印刷方式类似凸版印刷中的平版圆压机器。圆版圆压型则是将印刷版包裹在滚筒上称为版筒，机器上另外一个滚筒包裹有橡皮的称为橡皮筒，压力部分同是滚筒式的压筒，此种以三种基本滚筒构造的机器称之为"柯式印刷机"。

• 平版印刷之优缺点

优点：制版工作简便，成本低廉。套色装版准确，印刷版复制容易。印刷物柔和。可以承印大数量印刷。

缺点：因印刷时水胶的影响，色调再现力减低，鲜艳度缺乏。版面油墨稀薄（只能表现 70% 能力，所以柯式印的灯箱海报必须经过双面印刷才可以加强其色泽）。特殊印刷应用有限。

应用范围：海报、简介、说明书、报纸、包装、书籍、杂志、日历、其他有关彩色印刷及大数量的印刷物。

• 平版印刷工艺

平版印刷工艺流程包括：印刷前的准备、安装印版、试印刷、正式印刷，印后处理等。

（一）印刷前的准备：平版印刷工艺复杂，印刷前要做好充分的准备工作。纸张在投入印刷前，尤其是用于多色胶印机的纸张，需要进行调湿处理。其目的是降低纸张对水分的敏感程度，提高纸张尺寸的稳定性。调湿处理一般有两种方法。一是将纸张吊晾在印刷车间，使纸张的含水量与印刷车间的温、湿度平衡。二是把纸张先放在高温、高湿的环境中加湿，然后再放入印刷车间或印刷车间温、湿度相同的场所使纸张的含水量均匀。油墨厂生产

荷叶边

紧边

卷边

的油墨，一般是原色墨（Y、M、C 三色），印刷厂在使用时，需要根据印刷品的类别、印刷机的型号等要求，对油墨的色相、黏度、黏着性、干燥性进行调整。从存版车

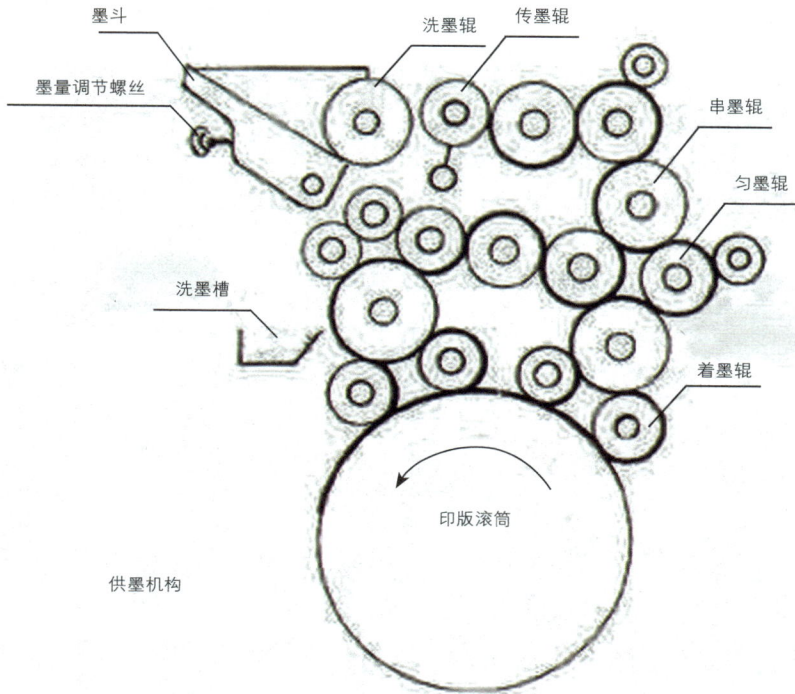

墨斗

墨量调节螺丝

洗墨辊

传墨辊

串墨辊

匀墨辊

洗墨槽

着墨辊

印版滚筒

供墨机构

间领到上机的印版时，要对印版的色别进行复核，以免出现版色和印刷单元油墨色相不符的印刷故障。

平版的浓淡层次，是用网点百分比来表现的，网点百分比过大，印版深，否则，印版浅。过深、过浅的印版需要修正或重新晒版。此外，还要检查印版的规矩线、切口线、版口尺寸等。

平版印刷必须使用润湿液。一般是在水中，加入磷酸盐、磷酸、柠檬酸、乙醇、阿拉伯胶以及表面活性剂等化学组分，根据印刷机、印版、承印材料等的不同要求，配制成性能略有差异的润湿液。印刷时，润湿液在印版的空白部分形成均匀的水膜，防止脏版。当空白部分的亲水层被磨损时，可以形成新的亲水层，维护空白部分的亲水性，同时，能降低印版的温度，减小网点扩大值。PS 版使用的润湿液为弱酸性，pH 值约为 5-6 之间，报纸印刷因使用略显酸性的纸张，可以使用弱碱性的润湿液。

平版印刷机橡皮滚筒的表面，包复着

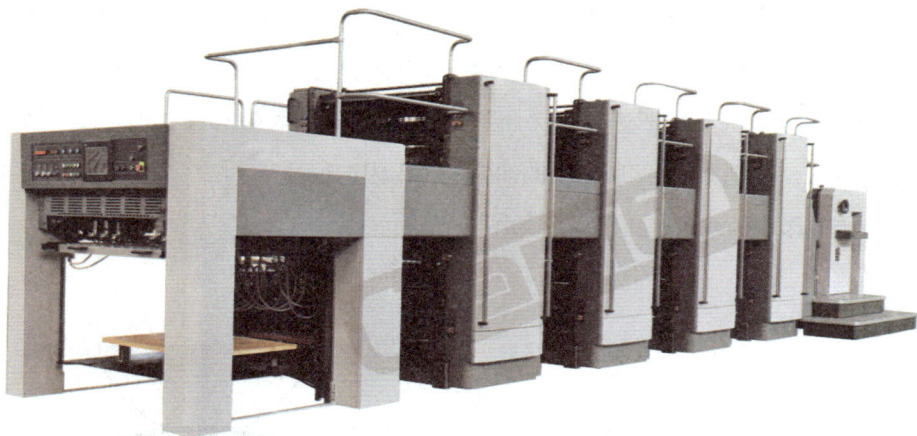

由橡皮布和衬垫材料组成的包衬。包衬视硬度不同分为硬性、中性、软性等三种。硬性包衬一般用于多色、高速胶印机；软件包衬常被用在精度低的胶印机；中性包衬的性能介于硬性和软性之间，应用的范围较广。

印刷色序是个很复杂的问题，一般是透明度差的油墨先印；网点覆盖率低的颜色先印；明度低的油墨先印，以暖色调为主的人物画面，后印品红、黄色；以冷色调为主的风景画面，后印青色、黄色；用墨量大的专色油墨后印；报纸印刷，黑墨后印。单张纸四色印刷机大多采用黑、青、品红、黄的色序；单色机、双色机的色序比较灵活。

（二）安装印版：将印版连同印版下的衬垫材料，按照印版的定位要求，安装并固定在印版滚筒上。

（三）试印刷：印版安装好以后，就可以进行试印刷，主要操作有：检查胶印机输纸、传纸、收纸的情况，并做适当的调整以保证纸张传输顺畅、定位准确。以印版上的规矩线为标准，调整印版位置，达到套印精度的要求。校正压力，调节油墨、润湿液的供给量，使墨色符合样张。印出开印样张，审查合格，即可正式印刷。

（四）正式印刷：在印刷过程中要经常抽出印样检查产品质量，其中包括：套印是否准确，墨色深浅是否符合样张，图文的清晰度是否能满足要求，网点是否发虚，空白部分是否洁净等，同时，要注意机器在运转中，有无异常，发生故障即时排除。

（五）印后处理：主要内容有墨辊、墨槽的清洗，印版表面涂胶或去除版面上的油墨，印张的整理，印刷机的保养以及作业环境的清扫等。

凹版印刷 >

凹版印刷与凸版印刷原理相反。文字与图像凹于版面之下，凹下去的部分携带油墨。印刷的浓淡与凹进去的深浅有关，深则浓，浅则淡。因凹版印刷的油墨不同，因而印刷的线条有凸出感。钱币、邮票、有价证券等均采用凹版印刷。凹版印刷也适于塑料膜、丝绸的印刷。由于凹版印刷的制版时间长、工艺复杂等原因所以成本很高。

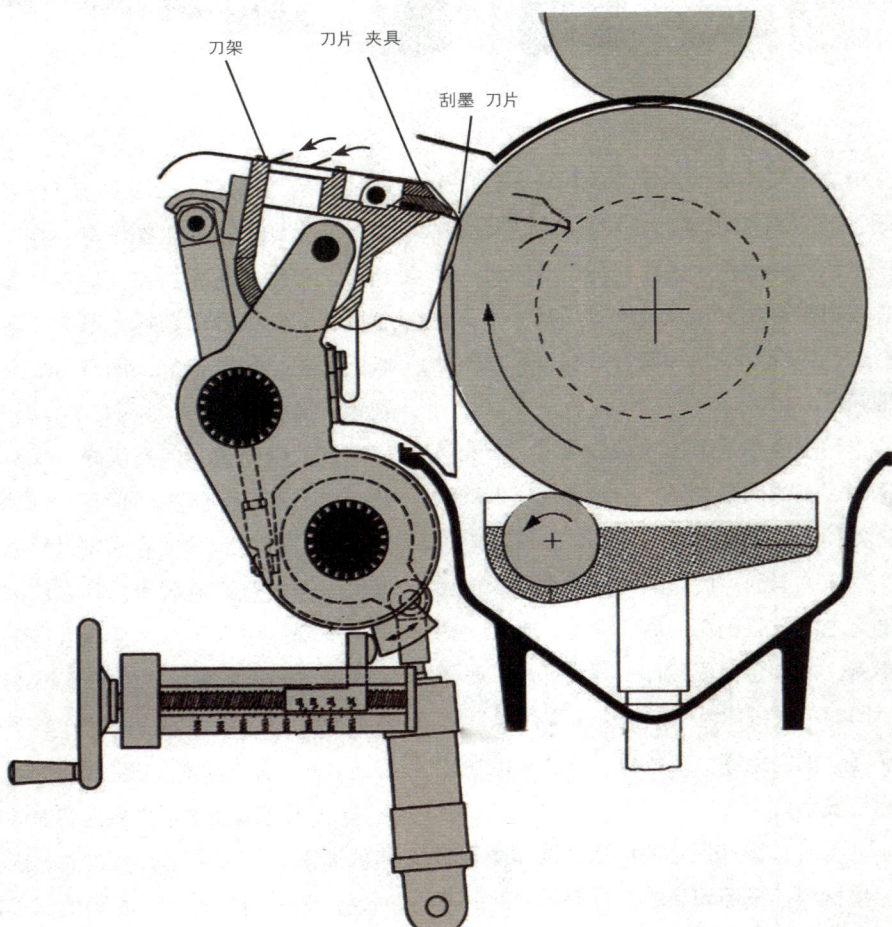

刀架　　刀片　夹具　　　刮墨　刀片

• 凹版印刷概述

凹版印刷是图像从表面上雕刻凹下的制版技术。一般说来,采用铜或锌版作为雕刻的表面,凹下的部分可利用腐蚀、雕刻等技术。要印刷凹版,表面覆上油墨,然后用报纸从表面擦去油墨,只留下凹下的部分。将湿的纸张覆在印版上部,印版和纸张通过印刷机加压,将油墨从印版凹下的部分传送到纸张上。

凹版印刷简称凹印,是四大印刷方式其中的一种印刷方式。凹版印刷是一种直接的印刷方法,它将凹版凹坑中所含的油墨直接压印到承印物上,所印画面的浓淡层次是由凹坑的大小及深浅决定的,如果凹坑较深,则含的油墨较多,压印后承印物上留下的墨层就较厚;相反如果凹坑较浅,则含的油墨量就较少,压印后承印物上留下的墨层就较薄。凹版印刷的印版是由一个个与原稿图文相对应的凹坑与印版

的表面所组成的。印刷时，油墨被充填到凹坑内，印版表面的油墨用刮墨刀刮掉，印版与承印物经过一定的压力接触，将凹坑内的油墨转移到承印物上，完成印刷。

凹版印刷作为印刷工艺的一种，以其印制品墨层厚实、颜色鲜艳、饱和度高、印版的耐印率高、印品质量稳定、印刷速度快等优点在印刷包装及图文出版领域内占据极其重要的地位。从应用情况来看，在国外，凹印主要用于杂志、产品目录等精细出版物，包装印刷和钞票、邮票等有价证券的印刷，同时也应用于装饰材料等特殊领域；在国内，凹印则主要用于软包装印刷，随着国内凹印技术的发展，也在纸张包装、木纹装饰、皮革材料、药品包装上得到广泛应用。当然，凹版印刷也存在局限性，其主要缺点有：印前制版技术复杂、周期长，制版成本高；由于采用挥发型溶剂，车间内有害气体含量较高，对工人健康损害较大；凹版印刷从业人员要求的待遇相对较高。

凹版采用的刮墨方式

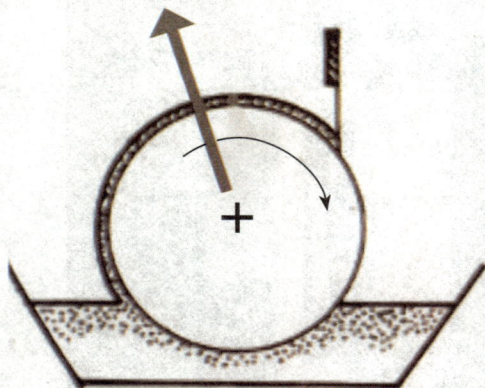

（a）

正向刮墨

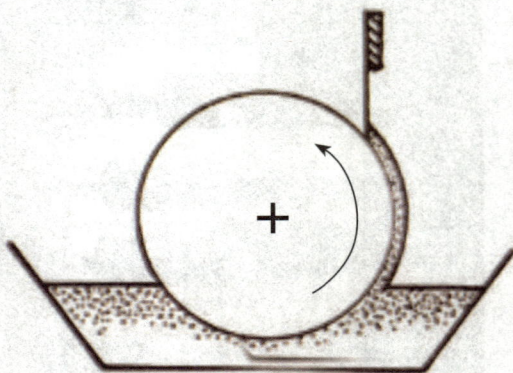

（b）

逆向刮墨

交接台

储纸装置

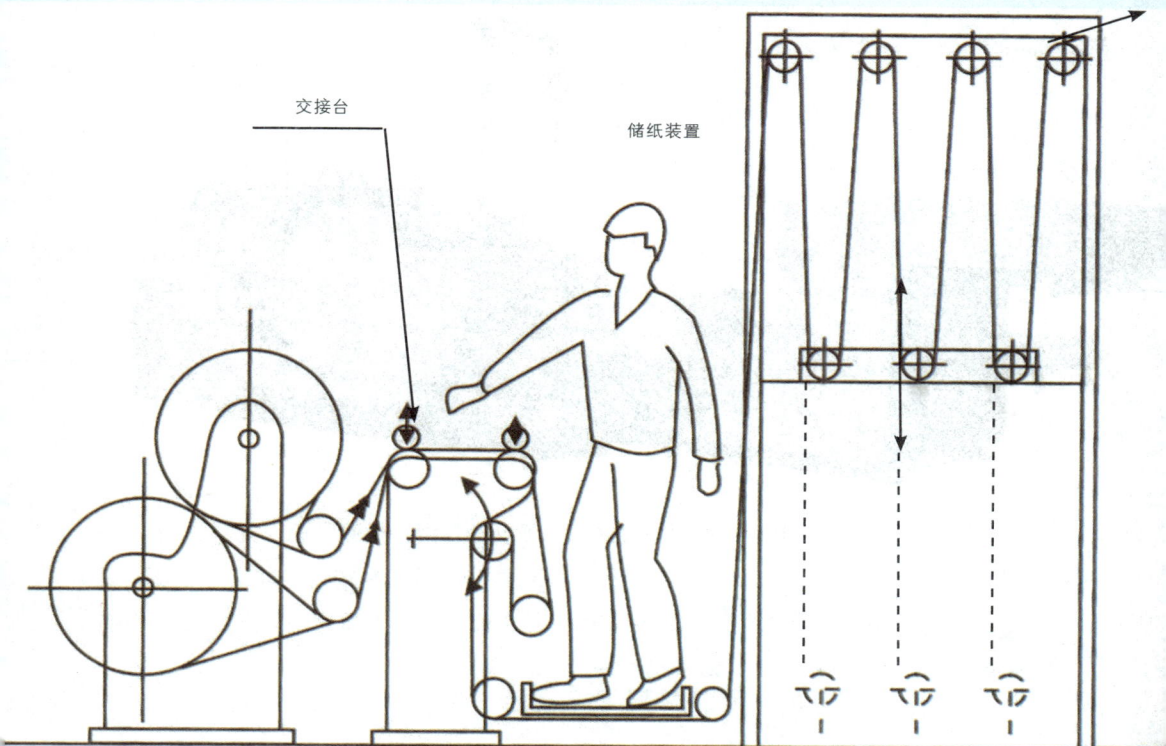

• 凹版印刷的特点

凹版印刷时的载墨体是雕刻于印刷版上的一个个凹坑，凹坑的形状与原稿图文一模一样，印版表面没有油墨。当印版与承印物压印接触时，凹坑内的油墨被转移到承印物表面，完成印刷过程。因此，凹版印刷具有一些与其他印刷方法不同的独有特点，下面分别进行讨论。

防伪：凹版印刷以按原稿图文刻制的凹坑载墨，线条的粗细及油墨的浓淡层次在刻版时可以任意控制，不易被模仿和伪造，尤其是墨坑的深浅，依照印好的图文进行逼真雕刻的可能性非常小。因此，目

前的纸币、邮票、股票等有价证券，一般都用凹版印刷，具有较好的防伪效果。目前一些企业的商标甚至包装装潢已有意识地采用凹版印刷，说明凹版印刷是一种较有生命力的防伪印刷方法。

范围广：一般的软材料都可以作为凹版印刷的承印物。如塑料、纸张、铝箔等，对于一些易于延伸变形的材料，如纺织材料等，具有较好的适应性，这是凸版印刷和平版印刷所不能比的。

印刷质量高：凹版印刷的用墨量大，图文具有凸感，且层次丰富，线条清晰，

41

质量高。书刊画报、包装装潢等印刷大多采用凹版印刷。

　　大批量印刷：凹版印刷的制版周期较长，效率较低，成本高。但是印版经久耐用，所以适宜大批量的印刷。批量越大，效益越高，对于批量较小的印刷，效益较低。所以凹版方法不适宜用于批量较小的商标的印刷。

孔版印刷 >

又称丝网印刷。利用绢布、金属及合成材料的丝网、蜡纸等为印版，将图文部分镂空成细孔，非图文部位以印刷材料保护，印版紧贴承印物，用刮板或者墨辊使油墨渗透到承印物上。丝网印刷不仅可以印于平面承印物而且可印于弧面承印物，颜色鲜艳，经久不变。适用于标签、提包、T恤衫、塑料制品、玻璃、金属器皿等物体的印刷。

• 孔版印刷的简介

孔版印刷原理：在刮板的作用下，丝网框中的丝印油墨图文部分从丝网的网孔中漏至到印刷承印物上，而印版非图文部分的油墨被堵塞，油墨不能漏至承印物上，从而完成印刷品的印刷。

凡是印刷品上墨层有立体感的，如瓶罐、曲面及一般电路板印刷，多用孔版印刷。孔版印刷版面为网状或具有一定弹性的薄层，图文部分通透，油墨或色料通过印版漏印到承印物上，是与平版、凸版、凹版三大印刷方式并列的第四种印刷方式，但习惯上仍有人把它划归特种印刷范畴。

43

• 孔版印刷的分类

孔版印刷分型版、誊写孔版、打字孔版和丝网印刷四种类型，又各有几种不同的制版方法。它们都具有设备轻便、工艺简单、易于操作的特点，应用广泛。

①型版。在木片、纸板、金属或塑料片材上刻出文字或图形，制成镂空印刷版，用刷涂或喷涂的办法使色料透过印版印到承印物上。这是最古老的技法之一。从出土的古代印花织物判断，中国春秋时已经采用型版。因方法简便，20 世纪 80 年代

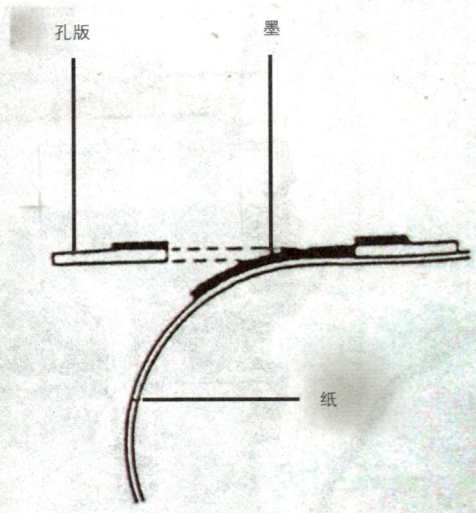

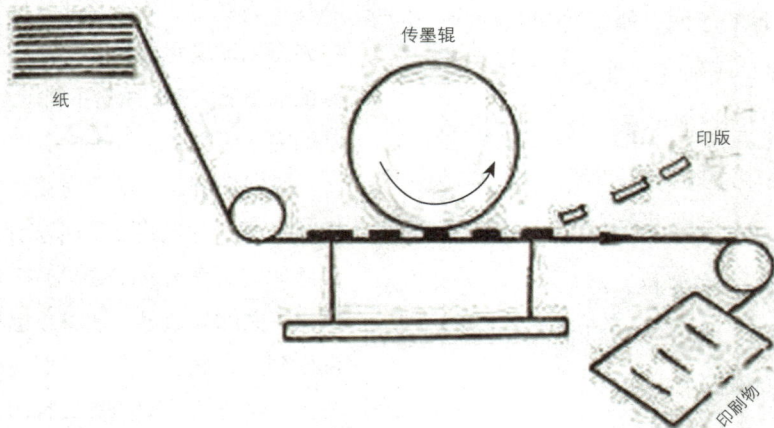

民间仍有应用。

②誊写孔版。用手写的方法制版，最早是用毛笔蘸稀酸（如硫酸）在涂敷明胶的多孔性纸上描绘图形，稀酸将明胶膜溶解，露出多孔纤维，形成孔版，称为毛笔誊写版。由于图形的边缘易被酸腐蚀，印刷精度较差，铁笔誊写版出现后，此法已罕用。铁笔誊写版是用铁笔在有网纹的钢板上刻写蜡纸制成的印版，蜡纸被刻划的部分可以透过油墨。此法传为爱迪生于1886年所发明。由于誊写的字迹因人而异，远不如后来发明的打字孔版字形清晰，应用已日渐减少。水洗誊写版是用笔蘸取水溶性胶液在多孔性纸上书写，然后在纸上涂一层不溶于水的胶膜，干后水洗，溶出书写部分，形成孔版。

③打字孔版。利用打字机将活字打印到蜡纸上，活字的冲击使蜡纸形成能透墨的文字孔版。19世纪80年代在美国首先制出实用的英文打字机机型，汉字打字机首创于日本大正年间（1912–1926），第二次世界大战后迅速普及。计算机文字处理技术和办公室自动化系统的发展，已逐渐取代打字孔版印刷。

④丝网印刷。20世纪50年代以来成为孔版印刷的主流。

四开（停回转）平台印刷机

• 孔版印刷的原理

除了凸版、平版、凹版三大版式之外，另一种类似手工艺的孔版印刷，在现代印刷业中独树一帜。由于深受现代商业界影响，在设计界里亦深受重视。孔版印刷因其独特的表现力而应用范围广泛，设计家或一般民众都应了解一点概念。凡印纹部分如孔状者，并利用此种方式印刷者均称之为"孔版印刷"。

如一般用钢针在蜡纸上刻字或用电子蚀刻版的油印机印刷，这便是基本的孔版印刷，而在设计或工业上应用到的是丝网印刷，丝网印刷早期用于手工艺品之类，现在已发展为自动化的印刷了，在制版方面已利用照相制版方法；因其墨色浓厚，另有一种特殊感觉，最宜用为特殊效果印件。又可以在立体面上如盒、圆形、罐等上施印，而且除了印纸张外又可印在布、塑胶片、金属片、玻璃等物料上。

• 孔版印刷之优劣点

优点：油墨浓厚，色调鲜丽，可应用任何材料印刷及曲面印刷。

劣点：印刷速度慢，生产量低，彩色印刷表现困难，大量印刷不适合。

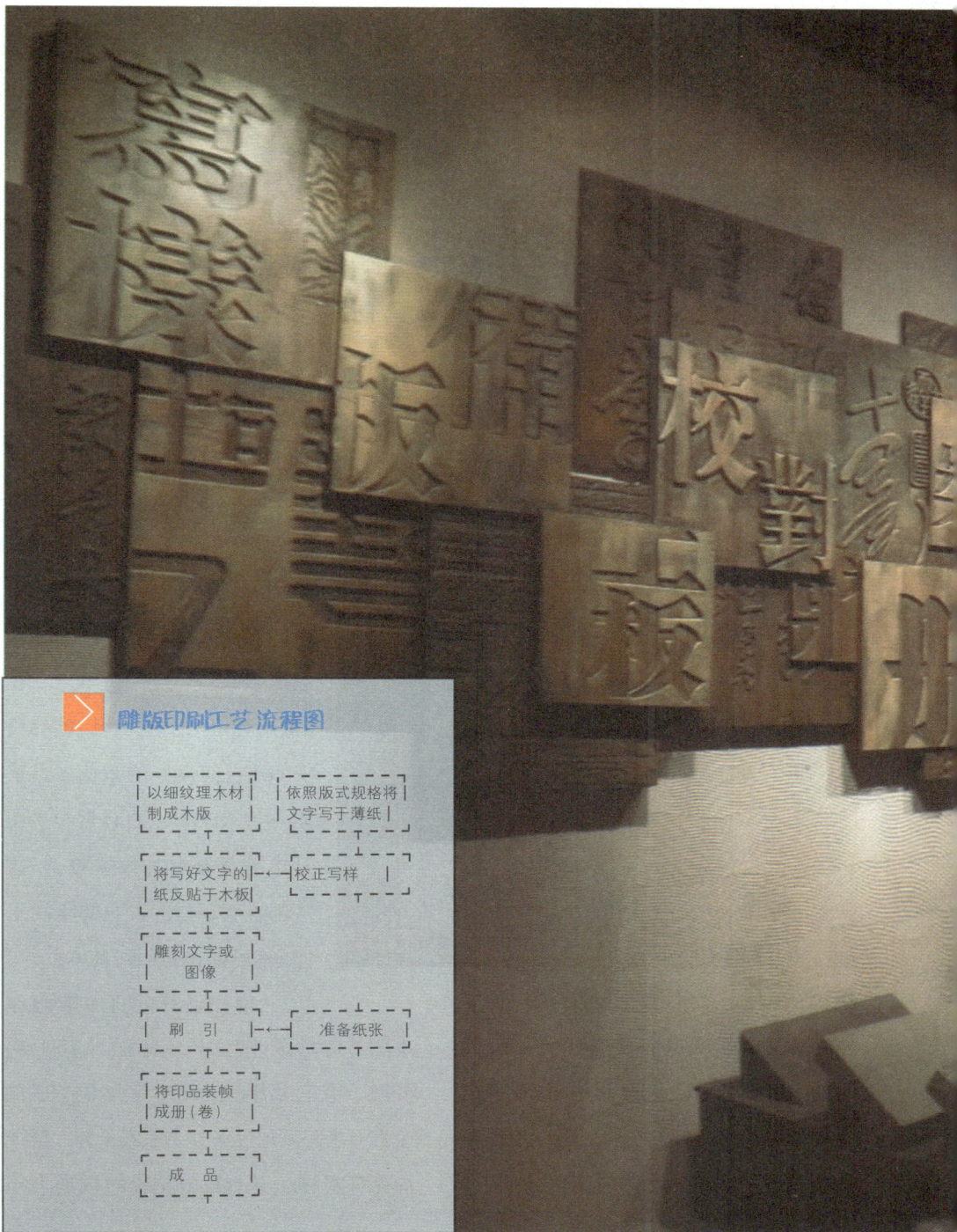

> **雕版印刷工艺 流程图**

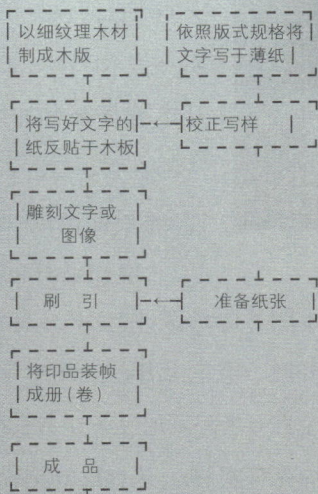

以细纹理木材
制成木版

依照版式规格将
文字写于薄纸

将写好文字的
纸反贴于木板

← 校正写样

雕刻文字或
图像

刷引 ← 准备纸张

将印品装帧
成册(卷)

成 品

● 印刷术的传播

印刷术向日本的传播 〉

自东汉以来，日本就与中国保持着密切来往，文化、经济方面的交流一直很频繁。至唐初，日本国内实行大化革新，举国掀起了学习大唐的热潮。日本先后派往唐朝的遣唐使有18次，最大的使团多至数百人。同时还向唐朝派出大批留学生和僧人，学习中国文化及各种技艺。这些人把唐朝的文化、习俗、各种技术及图书等带回了日本。在唐朝留学19年的僧人玄防公元734年返回日本时，就带回了佛经5000余卷和许多佛像。日本留学生吉备真备在中国居住了18年之后返回日本，天宝九载(公元750年)又以遣唐副使身份回唐工作。后来，他成了下令刻印百万经咒的称德天皇的老师。日本学者佐伯好郎在其《大秦景教碑》中说："在8世纪和9世纪中，唐代首都长安如有任何良好的东西，几乎无不传入日本，而且迟早会在日本首都奈良加以仿效。"这些都说明，唐代发明的印刷术完全有可能被带回到日本去。

现知最早的日本雕版印本图书是日天平宝字八年(公元764年)开雕、宝龟元年(公元770年)印刷完成的《百万塔陀罗尼经》，书系卷子装，至今尚存有实物。这比我国发现的咸通九年

48

(公元868年)的《金刚经》还要早。据日僧玄栋《三国传记》卷七记载，鉴真和尚曾在日本"开版印律三大部"（即《十诵律》、

古代雕版印刷蜡像

《四分律》、《僧极律》）。鉴真是唐朝高僧，曾5次率弟子试渡日本未成。天宝十三载(公元754年)，他第六次东渡，终于到了日本，带去了大批书法作品、本草典籍和佛经等图书，成为日本律宗之祖。他来自中国雕印术很发达的扬州，所以把雕印技术带到了日本，并在那里刻印经书是完全可能的。鉴真于公元763年卒于日本。日本的这部最早的雕印本《百万塔陀罗尼经》就是在鉴真东渡后10年开雕，他卒后7年印成的。

从12世纪以后，即中国比宋末年起，

日本国内雕印佛经之事接连不断，刊本有"春日板"、"高野板"、"五山板"等称谓。公元1681年，铁眼禅师翻刻的明万历《径山方册大藏》，版式及字体与明刊版完全一样。佛经之外，日本也刊印了许多中国儒家经典及医学杂书等。

宋、元、明诸代，都有许多僧俗学者东渡日本。他们在日本宣扬佛法，传授中国文化，鼓励日本人雕刻经书，自己也动手刻书。宋末禅僧正念在日本曾先后在几处寺院任住持。

日本的活字印刷术是经朝鲜间接传入的。日本人称活字版为"一字板"、"植字板"，或仿中国而称为"聚珍板"。公元1592年，丰臣秀吉入侵朝鲜，拾走了朝鲜的活字，活字印刷术传到了日本。与此同时，欧洲的铅活字印刷术也由意大利传入日本。但是，西方的活字印刷术没有为日本接受，而中国活字印刷术则受到欢迎，并大规模地用来印刷图书。庆安元年(公

49

YIN SHUA GAI BIAN SHI JIE

元1648年)，日本僧人用木活字印成《大藏经》6323卷。此书从宽永十四年(公元1537年)开始排印，用了12年时间印造完成。这是一次规模宏大的使用活字排印佛经的工程，在中国和朝鲜均无先例。

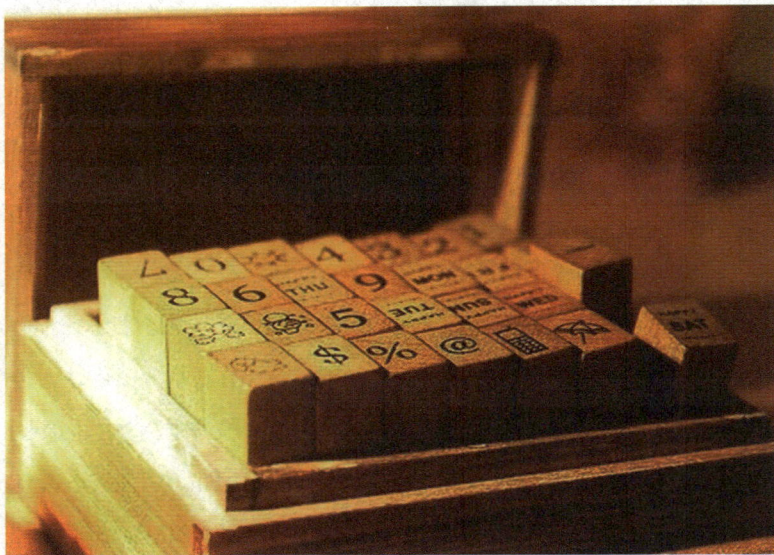

此后，日本还用活字排印了许多其他中文图书，如《史记》、《后汉书》、《贞观政要》、《太平御览》等等。日本活字只有木活字，铜活字是朝鲜铸造的。

印刷术在越南、菲律宾等国家的传播及使用 >

越南同朝鲜和日本一样，崇尚中国传统文化，喜爱中国图书。早在前黎朝时期，黎龙铤就向宋真宗求得《大藏经》和《九经》。李朝太祖又向宋真宗求得《大藏经》及《道藏经》。后来，李干德又向宋神宗请求《释藏》，神宗命人印造、赠送。元成宗元贞元年(公元1295年)，陈英宗派人从元朝取回赠送的《大藏经》，并于南定模仿雕印。这是越南最早的雕版印书。越南虽未雕印成整部《大藏经》，但在全国各地寺院零星刊印的佛经却很多，据考，共有400多种。越南正式刊印中国儒家经典，最早的是黎朝太宗绍平二年(公元1435年)雕印的《四书大全》。15世纪后期，又刊印了《五经》，黎纯宗龙德三年(公元1734年)，再次雕印《五经》，还雕印了《四书》、《字汇》及一些中国文史著作。越南还雕印了许多本国著作，如15世纪中期刊印的《群贤赋集》，16世纪初刊印的《治平宝苑》等，都是较早的印本。现在知道的越南最早的活字印本，是永盛八年(公元1712年)刊印的木活字本

《传奇漫录》。19世纪中期，越南曾从中国购买了木活字一套，并于嗣德八年(公元1855年)用这套木活字排印了《钦定大南会典事例》等书。明代，我国与菲律宾交往密切。在与菲律宾的交往过程中，有许多明朝人留居在那里。明代中国商人把大批丝绸和瓷器等手工艺品运往菲律宾。16世纪末，菲律宾传教士到了福建，把许多中国文史、宗教和农医图书带回了本国。为了抵制中国文化的影响，公元1593年，菲总督以西班牙国王的名义雕印了《无极天主正教真传实录》一书。菲律宾早期雕印图书的活动主要由华人担任，由许多旅居在那里的中国人运用从祖国带来的刻书技术在当地雕印图书。《无极天主正教真传实录》就是由中国刻工雕印的。公元1606年，马尼拉雕印了《正教便览》，也是出自中国刻工之手。十几年之后，菲律宾人才开始从事雕印图书的业务。

19世纪前期，中国的雕版印刷技术在马来西亚、新加坡等国家也都开始传播和使用了。琉球则早在15世纪初就运用中国传去的雕印术印刷了《四书》等图书。

木活字

印刷术向西方传播 >

我国的印刷术向西方的传播途径，是经过中亚和近东而传至非洲及欧洲的。也有学者认为，印刷术是经由蒙古、俄罗斯欧亚大陆向西方传播的。

20世纪初，我国新疆吐鲁番发现了大量用古维吾尔文、汉文、梵文、西夏文、蒙古文及藏文雕印的佛经及佛像。这些不同文字的印刷品上的页码，使用的全都是汉字，有的文书上还印有成吉思汗的名字，证明它们是元初统治新疆时雕印的。1930年，中国西北科学考察团也在吐鲁番地区发现了上述同一时期用古维吾尔文雕印的图书，书中雕像旁边还用汉文印着"陈宁刊"字样，证明其刻工为汉人。这些事实都说明，元代初期中国内地的雕版印刷术已经传到了中亚一带。

据美国学者卡特《中国印刷术源流史》载，法国人伯希和在我国敦煌千佛洞劫走了几百个古维吾尔文木刻活字。根据与其同时同地发现的其他文物考证，这批木活字是公元1300年前后，即元初制造的，和元代农学家王祯发明的木活字

藏文雕印

属同一时期或稍晚,只不过前者是维文,而后者为汉字罢了。这说明,13世纪末、14世纪初我国的活字印刷术也传播到中亚一带了。

中亚是古丝绸之路的重要地段。中国的文化和物质文明,如中国的图书、造纸技术和丝绸等,都是经过这里向西方传播和运输的。大量迹象表明,中国的印刷术也是经此向非洲和欧洲传播的。

公元13世纪初,波斯是在蒙古伊儿汗国统治之下的。那时波斯人就模仿"至元宝钞"制度,在其首都塔布里兹印行纸币,上面印有阿拉伯文和汉文两种文字。伊儿汗国王的国玺上也雕有中文。14世纪初,伊儿汗国宰相、著名历史学家拉希德·丁就在其《世界史》中对中国的印刷术作了详细记录。他说:"当他们(中国人)想要把一本有价值的书好好书写下来,正确无误时,就叫一个书法好的人先把书的一页工整地写在木板上,再令所有学问高的人仔细校勘,并署名于板后,再叫技艺高超的刻工,把字刻出来。全部刻成文板,依次编号……如有人要这本书,他可到官方支付官定的费用。于是他们拿出这些木板,把纸放在板上,就好像用印模来铸钱,然后把印好的纸,给那个要书的人,因此,他们的书不可能有任何的增或减。因而他们对它完全信

YIN SHUA GAI BIAN SHI JIE

赖。他们的史籍流传就是这样的。"拉希德·丁公元1248年至1318年在世,其《世界史》写成于1310年,与新疆等中亚地区和波斯使用雕版印刷术几乎是同时。这是外国人对中国古代印刷术的最早的文字描述和记载。它从文字记载方面证明了波斯14世纪使用的雕版印刷术是由中国传去的。

欧洲最早出现的雕版印刷品,是14世纪末期在德同纽伦堡雕印的宗教版画。到15世纪初,欧洲一些地方又出现了雕印纸牌及学生用拉丁文课本等印刷品。欧洲最早的雕印品是在中国发明雕版印刷术600年之后才有的。其雕版印刷方法,是把字母一个个地刻在木板上,然后铺纸印刷,与中国的雕版印刷术完全一样。这显然是学习了中国的雕印术之后才出现的印刷实践。正如美国印刷业专家卡特所说:"不单在使用纸张一事中可看出中国人的影响,而且在欧洲雕版印刷的肇端中,中国的影响实为最后的决定因素。"

至于活字印刷术,在14世纪就已经传到中亚、新疆一带了。而德国人谷登堡发明铅活字印刷术则已经是此后100多年的事了。这100多年间,西方来亚洲及中国的人很多,中国的活字印刷术是由这些人

活字印刷

从中亚,或者经蒙古、俄罗斯欧亚大陆而传入欧洲,从而影响了谷登堡的活字印刷术的发明。对此,许多学者都予以了确认。德国的魏礼贤教授说:"在宋朝又有毕昇发明活字印刷,由于通商的结果,这些发明也像以前纸与罗盘针的发明一样,传到西方,为谷登堡及其他欧洲印工所采用,而在人类历史上创造了新纪元。"美籍中国学者钱存训教授也说:"无论是根据前人的记载、后人的传说,或者中西文化交流上所获得的旁证,都可说明欧洲最早的院版和活字印刷源流中,必然直接或间接和中国的印刷术有所关联。"

印刷术向非洲埃及的传播 ＞

在非洲，中国的印刷术最早是在埃及得到传播使用的。埃及虽然离中国很遥远，但它是世界上著名的文明古国，有着历史悠久的文化，所以与中国发生的交流较早。中国的皮影戏12世纪时就传入了埃及。明朝永乐、正统年间，埃及就同中国有了密切交往。公元1880年，埃及发现了大批纸草、纸张棚羊皮文献，其中有50多件木版雕印品，是公元900年至公元1350年的印品，是使用中国雕版印刷术印刷的。其中有一帧雕印佛像，与我国新疆发现的佛像相像。专家们认为，从10世纪到14世纪，中国的印刷术已传播到了埃及。

14世纪前半期，埃及学者阿哈默特·锡拔布丁和摩洛哥学者伊本·白图泰都有过关于中国印刷纸币的记载。伊本·白图泰在其游记中记述道："(中国)纸币大如手掌，面印皇帝五笔，若纸被撕破，则可带至印钞处改换新钞，无须纳钱……必将金元换为纸币后，方可随意购物。"伊本·白图泰曾于明至正七年(公元1347年)前后来过中国，亲眼见到过明代印造的纸币及其使用方法，所以记述得很真切。

13世纪末14世纪初，史学家拉希德·丁把中国的雕印技术作了文字介绍，在伊斯兰国家产生了较大的影响。当时在波斯发生过钞币风潮，波及较远。于是，在中亚及波斯使用雕印技术的影响下，埃及人也开始使用中国的雕印技术印刷纸币和图书了。

● 印刷术发明的基础——造纸术的发明

造纸术是我国古代科学技术的四大发明之一,它与指南针、火药、活字印刷术一起,给我国古代文化的繁荣提供了物质技术的基础。造纸术的发明结束了古代简牍繁复的历史,大大地促进了文化的传播与发展。

造纸术的发明 〉

造纸术是中国四大发明之一,人类文明史上的一项杰出的发明创造。中国是世界上最早养蚕织丝的国家。古人以上等蚕茧抽丝织绸,剩下的恶茧、病茧等则用漂絮法制取丝绵。漂絮完毕,篾席上会遗留一些残絮。当漂絮的次数多了,篾席上的残絮积成一层纤维薄片,经晾干之后剥离下来,可用于书写。这种漂絮的副产物数量不多,在古书上称它为赫蹏或方絮。这表明了中国造纸术的起源同丝絮有着渊源关系。

张仙人俑

水浮司南

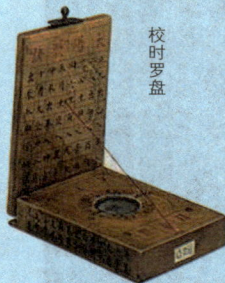

校时罗盘

航海罗盘

茧

• 造纸术的起源

　　纸是用以书写、印刷、绘画或包装等的片状纤维制品。一般由经过制浆处理的植物纤维的水悬浮液，在网上交错地组合，初步脱水，再经压缩、烘干而成。中国是世界上最早发明纸的国家。根据考古发现，西汉时期（公元前 206 年至公元前 8 年），我国已经有了麻质纤维纸。质地粗糙，且数量少，成本高，不普及。

　　远古以来，中国人就已经懂得养蚕缫丝。秦汉之际用次茧做丝绵的手工业十分普及。这种处理次茧的方法称为漂絮法，操作时的基本要点包括，反复捶打，以捣碎蚕衣。这一技术后来发展成为造纸中的打浆。此外，中国古代常用石灰水或草木灰水为丝麻脱胶，这种技术也给造纸中为植物纤维脱胶以启示。纸张就是借助这些技术发展起来的。

　　历史上关于汉代的造纸技术的文献资料很少，因此难以了解其完整、详细的工艺流程。后人虽有推测，也只能作为参考之用。总体来看，造纸技术环节众多，因此必然有一个发展和演进的过程，绝非一人之功。它是我国劳动人民长期经验的积累和智慧的结晶。

57

造纸原料：布

• 造纸术发明初期

在造纸术发明的初期，造纸原料主要是树皮和破布。当时的破布主要是麻纤维，品种主要是苎麻和大麻。据称，我国的棉是在东汉初期，与佛教同时由印度传入，后期用于纺织。当时所用的树皮主要是檀木和楮皮。最迟在公元前 2 世纪时的西汉初年，纸已在中国问世。最初的纸是用麻皮纤维或麻类织物制造成的，由于造纸术尚处于初期阶段，工艺简陋，所造出的纸张质地粗糙，夹带着许多未松散的纤维束，表面不平滑，还不适宜于书写，一般只用于包装。

• 蔡伦改进造纸术

　　东汉和帝时期，蔡伦改进造纸术，形成了一套较为定型的造纸工艺流程，其过程大致可归纳为四个步骤：第一是原料的分离，就是用浸湿或蒸煮的方法让原料在碱液中脱胶，并分散成纤维状；第二是打浆，就是用切割和捶捣的方法切断纤维，并使纤维帚化，而成为纸浆；第三是抄造，即把纸浆渗水制成浆液，然后用捞纸器（篾席）捞浆，使纸浆在捞纸器上交织成薄片状的湿纸；第四是干燥，即把湿纸晒干或晾干，揭下就成为纸张。汉以后，虽然工艺不断完善和成熟，但这四个步骤基本上没有变化，即使在现代，在湿法造纸生产中，其生产工艺与中国古代造纸法仍没有根本区别。

蔡伦

59

• 造纸技术的发展

　　造纸技术的发展主要体现在两个方面：在原料方面，魏晋南北朝时已经开始利用桑皮、藤皮造纸。到了隋朝、五代时期，竹、麦秆、稻秆等也都已作为造纸原料，先后被利用，从而为造纸业的发展提供了丰富而充足的原料来源。其中，唐朝利用竹子为原料制成的竹纸，标志着造纸技术取得了重大的突破。竹子的纤维硬、脆、

古代造纸雕塑

易断，技术处理比较困难，用竹子造纸的成功，表明中国古代的造纸技术已经达到相当成熟的程度。唐时，在造纸过程中加矾、加胶、涂粉、洒金、染色等加工技术相继问世，为生产各种各样的工艺用纸奠定了技术基础。生产出来的纸张质量越来越高，品种越来越多，从唐代到清代，中国生产的用纸，除了一般的纸张外，还有各种彩色的蜡笺、冷金、错金、罗纹、泥金银加绘、砑纸等名贵纸张，以及各种宣纸、壁纸、花纸等。使纸张成为人们文化生活和日常生活的必需品。纸的发明、发展也是经过了一个曲折的过程。

61

• 纸的盛行

公元 6–10 世纪的隋唐五代时期，我国除麻纸、楮皮纸、桑皮纸、藤纸外，还出现了檀皮纸、瑞香皮纸、稻麦秆纸和新式的竹纸。在南方产竹地区，竹材资源丰富，因此竹纸得到迅速发展。关于竹纸的起源，先前有人认为开始于晋代，但是缺乏足够的文献和实物证据。从技术上看，竹纸应该在皮纸技术获得相当发展以后才

藤纸

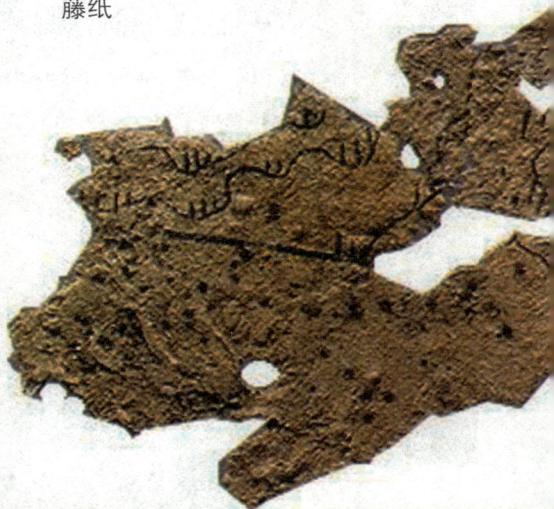

桑皮纸

能出现，因为竹料是茎秆纤维，比较坚硬，不容易处理，在晋代不太可能出现竹纸。竹纸应该起源于唐以后，而在唐宋之际有比较大的发展。欧洲要到 18 世纪才有竹纸。

到宋代以后多

竹纸

桑皮纸

杨桃藤

用植物黏液做"纸药"，使纸浆均匀，常用的"纸药"是杨桃藤、黄蜀葵等浸出液。这种技术早在唐代已经采用，但是宋代以后就盛行起来，以致不再采用淀粉糊剂了。

这时候的各种加工纸的品种繁多，纸的用途日广，除书画、印刷和日用外，我国还最先在世界上发行纸币。这种纸币在宋代称作"交子"，元明后继续发行，后来世界各国也相继跟着发行了纸币。明清时

书画

宋代纸币

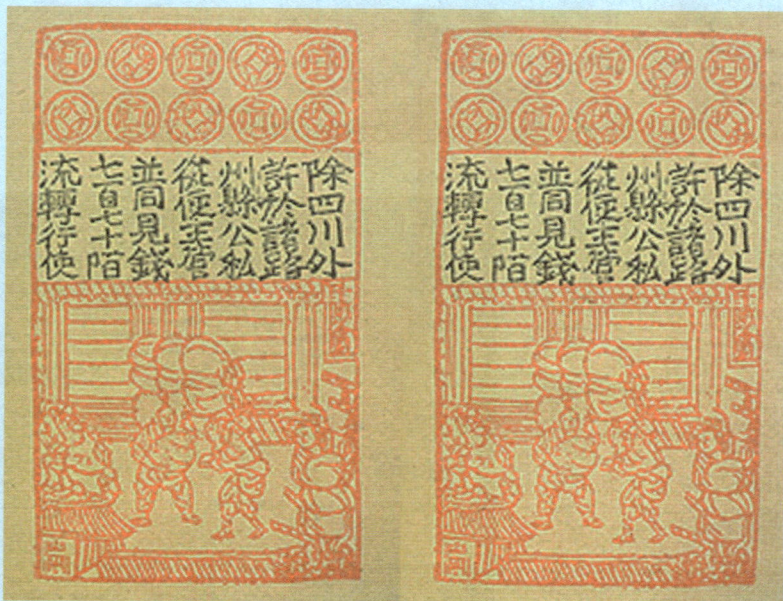

期用于室内装饰用的壁纸、纸花、剪纸等，也很美观，并且行销于国内外。各种彩色的蜡笺、冷金、泥金、罗纹、砑花纸等，多为封建统治阶级所享用，造价很高，质量也在一般用纸之上。

这一时期里，

65

蜡笺

泥金

有关造纸的著作也不断出现。如宋代苏易
简的《纸谱》、元代费着的《纸笺谱》、明
代王宗沐的《楮书》，尤其是明代宋应星的
《天工开物》，对我国古代造纸技术都有不
少记载。而《天工开物》第十三卷《杀青》
中关于竹纸和皮纸的记载，可以说是具有
总结性的叙述。书中还附有造纸操作图，
是当时世界上关于造纸的最详尽的记载。
经过元、明、清数百年岁月，到清代中期，

皮纸

竹纸

我国手工造纸已相当发达，质量先进，品种繁多，成为中华民族数千年文化发展传播的物质条件。

67

造纸术的传播 >

• 东亚国家的传播

　　造纸术首先传入与我国毗邻的朝鲜和越南，随后传到了日本。在蔡伦改进造纸术后不久，朝鲜和越南就有了纸张。朝鲜半岛各国先后学会了造纸的技术。纸浆主要由大麻、藤条、竹子、麦秆中的纤维提取。大约公元4世纪末，百济在中国人的帮助下学会了造纸，不久高丽、新罗也掌握了造纸技术。此后高丽造纸的技术不断提高，到了唐宋时，高丽的皮纸向中国出口。西晋时，越南人也掌握了造纸技术。公元610年，朝鲜和尚昙征渡海到日本，把造纸术献给日本摄政王圣德太子，圣德太子下令推广全国，后来日本人民称他为纸神。

　　中国的造纸技术也传播到了中亚的一些国家，并通过贸易传播到达了印度。

撒马尔罕

• 阿拉伯国家的传播

　　造纸术传入阿拉伯是在公元751年。那一年唐安西节度使高仙芝率部与大食（阿拉伯帝国）将军沙利会战于中亚重镇怛逻斯（今哈萨克斯坦的江布尔），激战中，由于唐军中的西域军队发生叛乱，唐军大败，被俘唐军士兵中有从军的造纸工人。当时的阿拉伯人没有屠杀俘虏的习惯，因此被俘的唐军造纸工匠为阿拉伯人造纸，沙利将这些工匠带到中亚重镇撒马尔罕，让他们传授造纸技术，并建立了阿拉伯帝国第一个生产麻纸的造纸场。从此，撒马尔罕成为阿拉伯的造纸中心。阿拉伯最早的造纸场，是由中国人帮助建造起来的，造纸技术也是由中国工人亲自传授的。10世纪造纸技术传到了叙利亚的大马士革、埃及的开罗、摩洛哥。在造纸术的流传中，阿拉伯人的传播功劳不可忽视。

69

· 欧洲国家的传播

欧洲人是通过阿拉伯人了解造纸技术的，最早接触纸和造纸技术的欧洲国家是一度为阿拉伯人和摩尔人统治的西班牙。公元1150年，阿拉伯人在西班牙的萨狄瓦，建立了欧洲第一个造纸场。公元1276年意大利的第一家造纸场在蒙地法罗建成，生产麻纸。法国于公元1348年，在巴黎东南的特鲁瓦附近建立造纸场。此后又建立几家造纸场，这样法国不仅国内纸张供应充分，而且还向德国出口。德国直到14世纪才有自己的造纸场。英国因为与欧洲

造纸设备

70

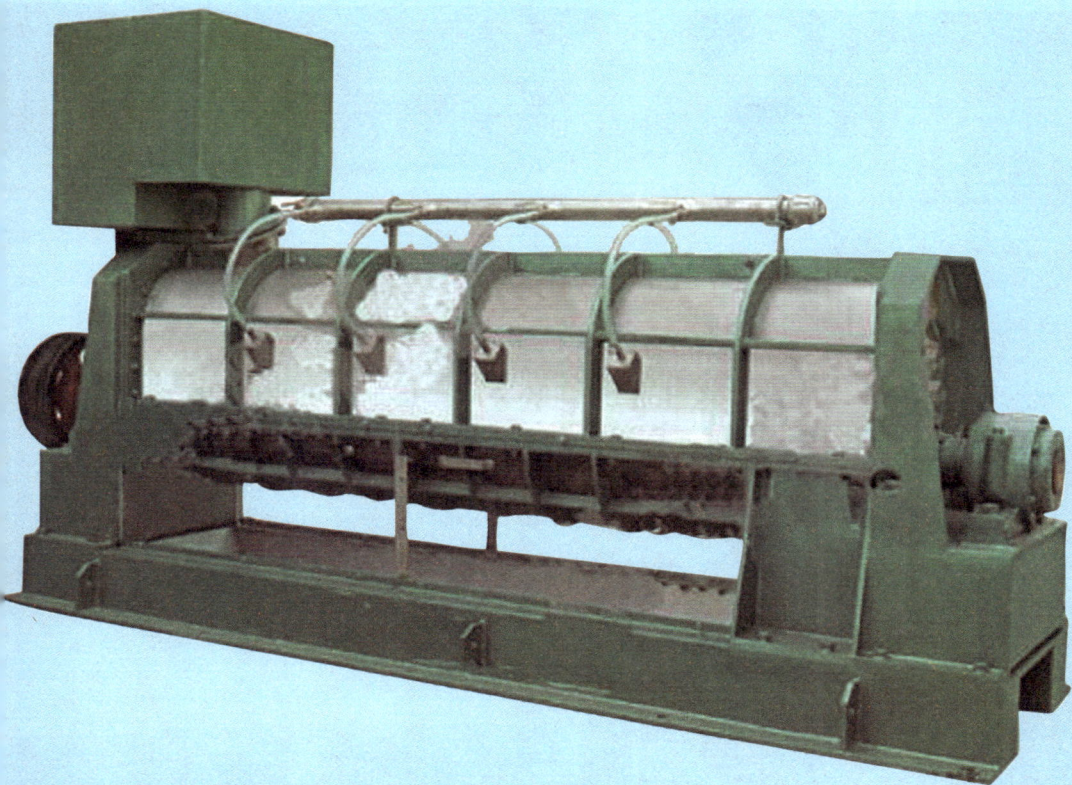

大陆相隔一个海峡，造纸技术传入比较晚，15世纪才有了自己的造纸场。瑞典1573年建立了最早的造纸场，丹麦于1635年开始造纸，1690年建于奥斯陆的造纸场是挪威最早的造纸场。到了17世纪欧洲各个主要国家都有了自己的造纸业。

西班牙人移居墨西哥后，最先在美洲大陆建立了造纸厂，墨西哥造纸始于1575年。美国在独立之前，于1690年在费城附近建立了第一家造纸场。到19世纪中国的造纸术已传遍五洲各国。

为了解决欧洲纸张质量低劣的问题，法国财政大臣杜尔阁曾经希望利用驻北京的耶稣会教士刺探中国的造纸技术。乾隆年间，供职于清廷的法国画师、耶稣会教士蒋友仁将中国的造纸技术画成图寄回了巴黎，中国先进的造纸技术才在欧洲广泛传播开来。1797年，法国人尼古拉斯·刘易斯·罗伯特成功地发明了用机器造纸的方法，从蔡伦时代起中国人持续领先近2000年的造纸术终于被欧洲人超越。

造纸术的发明和推广，对于世界科学、文化的传播产生深刻的影响，对于社会的进步和发展起着重大的作用。

造纸的方法过程 〉

• 古代造纸

明朝造纸术有五个主要的步骤。当时中国的造纸业已经相当成熟，每道工序的专家各司其职，并且已开发出一些造纸专用的设备。

斩竹漂塘：砍下竹子置于水塘浸泡，使纤维充分吸水。可以再加上树皮、麻头、和旧渔网等植物原料捣碎。

煮楻足火：把碎料煮烂，使纤维分散，直到煮成纸浆。将大锅中的碎料用大石压住，有助于完全煮烂。

荡料入帘：待纸浆冷却，再使用平板式的竹帘把纸浆捞起，过滤水分，成为纸膜。此步骤要有纯熟的技巧，才能捞出厚薄适中、分布均匀的纸膜。

覆帘压纸：将纸膜一张张叠好，用木板压紧，上置重石，将水压出。

透火焙干：把压到半干的纸膜贴在炉火边上烘干，揭下即为成品。

• 现代造纸方法

现代的造纸程序可分为制浆、调制、抄造、加工等主要步骤：

1. 制浆：制浆为造纸的第一步，一般将木材转变成纸浆的方法有机械制浆法、化学制浆法和半化学制浆法等三种。

机械纸浆利用机械碾磨力以取得木材纤维，主要可再分为一般机械浆、精制机械浆、热磨机械浆等。

化学纸浆利用化学法将纤维与木质素分开以取得木材纤维，主要可再分为苏打浆、亚硫酸盐浆、硫酸盐浆等。

半化学纸浆结合机械法与化学法之制浆方式，可再分为中性半化学浆、冷苏打浆、化学机械浆等。

2. 调制：纸料的调制为造纸的另一重点，纸张完成后的强度、色调、印刷性的优劣、纸张保存期限的长短直接与它有关。

一般常见的调制过程大致可分为以下三步骤：散浆、打浆、加胶与充填。

3. 抄造：抄纸部门的主要工作为将稀的纸料均匀地交织和脱水，再经干燥、压光、卷纸、裁切、选别、包装，故一般常见之流程如下：

a. 纸料的筛选：将调制过的纸料稀释成较低的浓度，并借着筛选设备，再次筛除杂物及未解离的纤维束，以保持品质及保护设备。

b. 网部：使纸料从头箱流到循环的铜丝网或塑料网上并均匀地分布和交织。

c. 压榨部：将网面移开的湿纸引到附

现代造纸工业

有毛布的二个滚辘间，借着滚辘的压挤和毛布的吸水作用，将湿纸作进一步的脱水，并使纸质较紧密，以改善纸面，增加强度。

d. 干燥部：由于经过压榨后的湿纸，其含水量仍高达 52%–70%，此时已无法再利用机械力来压除水分，故改让湿纸经过许多个内通热蒸气的圆筒表面使纸干燥。

e. 压光：将上过光的印刷品待干燥后，经压光机热压辊热压及冷却成品的过程。它是上光的深加工工艺，可使上光涂布的透明涂料更加具有致密、平滑、高光泽亮度的理想镜面膜层效果，可提高印刷品的档次感与市场竞争力。

f. 卷纸：就是以专用的工具将细长的纸条一圈圈卷起来。

g. 裁切、选别、包装：取前面已卷成筒状的纸卷多支，用裁纸机裁成一张张的纸，再经人工或机械的选别，剔除有破损或污点的纸张，最后将每五百张包成一包（通常叫作一令）。

• 机械造纸工序

　　造纸的木材锯成合适的尺寸后即进行去皮的工序，将原木放入大型滚筒内，滚筒转动时原木互相磨擦而去除树皮，脱落的树皮会用作锅炉的燃料，去皮后的原木会被切割成 1.5 到 2 寸，厚度 0.25 寸的方形木片，软木片及硬木片因物理特性不同

而需分开处理。

木材由细小的细胞膜质纤维又称为木质素的胶状物质黏合组成，制造纸浆时利用化学物蒸煮木片分解木质素从而将纤维分离。将木片放入称为蒸煮器的巨大容器内，其功能类似厨房用的压力锅，木片及化学物在加压下蒸煮 1.5 到 4 小时直至成为湿软如燕麦片的混合物，分离后的纤维可悬浮于水上。混合物经清洗以去除剩余的化学物和分解的木质素即漂白至合适的白度。从这里纸浆要通过一系列精炼机，将纸浆内的纤维壁上的线状元素松开令表层粗糙，纤维互相缠着成为张状。接着加上染料及其他添加剂使成品的纸张拥有所需的特性。

纸浆以 20 份水对 1 份纤维的比例加水，通过造纸机成形的布或网，纸浆的纤维互相交织而形成纸张及除去大部分水分。以每分钟 3000 尺的高速前进，纸张再通过一系列的吸水布及蒸汽加热（称为烘干机）的滚轴，清除纸张内留存的水分。纸张再经一个涂布工序在纸张两面添加淀粉溶液，淀粉使纸张表面平滑且将来用于印刷时油墨不会化开，由于涂布过程带来水分，纸张需重复先前的烘干程序。烘干后的纸张再通过沉重而光滑的滚轴进行磨光令表面更加光滑，纸张在后方收集卷成大纸卷，再分割成合适阔度的小纸卷，部分原卷包装出货，而部分再加工切成合适尺寸的平张才包装出货。

造纸机

纸的单位

一般我们都会用"开"来表示纸的大小，数字越大纸张实际越小。开即等份。就是把一整张纸重复对折，然后根据对折线分成偶数的等份，有几等份就是几开。比如：把一整张纸重复对折三次，分为 8 等份即 8 开。对折四次分为 16 等份即 16 开。常用纸张分为大度和正度两种。

大度纸的规格为 889 mm×1193 mm；正度纸的规格 787 mm×1092mm，即我们所说的全开。

1 开：大度 780mm×1080 mm　正度 880mm×1180mm

2 开：大度 570mm×840 mm　正度 540mm×740 mm

4 开：大度 420mm×570 mm　正度 370mm×540 mm

8 开：大度 285mm×420 mm　正度 260mm×370 mm

16 开：大度 210mm×285 mm　正度 185mm×260 mm

YIN SHUA GAI BIAN SHI JIE

● 古代印刷术的成果——古籍

广义的古籍应该是包括甲骨文拓本、青铜器铭文、简牍帛书、敦煌吐鲁番文书、唐宋以来雕版印刷品，即1911年以前产生的内容为反映和研究中国传统文化的文献资料和典籍；狭义的古籍不包括甲骨、金文拓本、简牍帛书和魏晋南北朝、隋唐写本，而是专指唐代自有雕版印刷以来的1911年以前产生的印本和写本。

中国古籍是中国古代书籍的简称，专指以纸为载体抄写或印刷的中国古代图书。古代的时间下限，一般有3种意见：①定在以鸦片战争使中国进入近代史的1840年；②定在辛亥革命推翻清朝的1911年；③定在五四运动揭开新民主主义革命序幕的1919年。大多数人赞成第二种意见，即1911年前成书的图书为古籍。

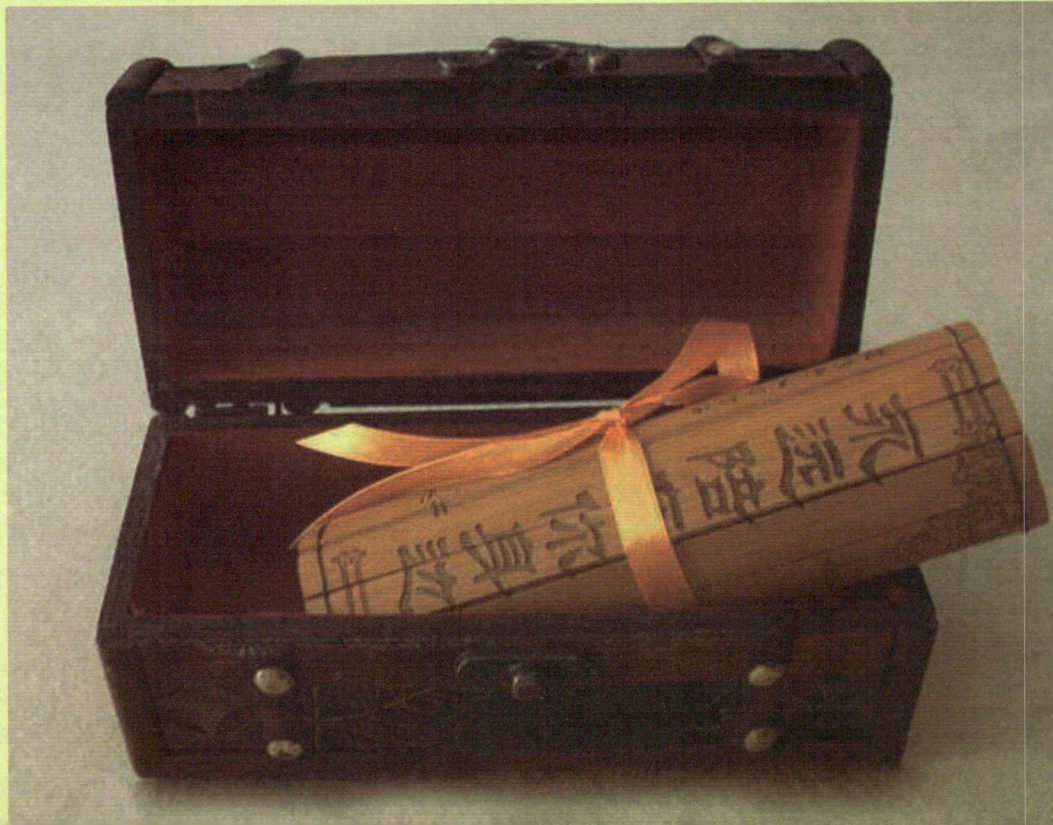

印刷形式 >

①雕版印刷。现存有确实年代的实物是公元868年刻印的《金刚经》，但雕版印刷发明的时间要比这早得多。

②活字印刷。据文献记载，北宋毕昇于庆历年间（1041-1048）发明泥活字，元代王祯曾用木活字印书，明代中期又盛行铜活字。明清利用铜活字和木活字方法所印的书，现仍有不少遗存。

③套版印刷。是雕版印刷的发展。书中文字需要有所区别时，例如经和注，或图画需用不同颜色印出时，分别刻成同样尺寸的版，逐次印在同一张纸上即成套印本。先是朱墨两色套印，后发展到三色、四色、五色甚至六色，并由套印发展到饾版、拱花艺术性很高的工艺技术。据考古发现，套印可能在宋辽金时代即已发明，盛行于明、清。

中国古籍形制 >

中国古籍形制主要有以下几种：

①卷轴装。黏结幅度相等的若干张纸成一长条，承袭简册帛书的存放方式，左端安一轴，以轴为中心，从左向右卷成一卷。也有的不用轴。盛行于南北朝至唐代。

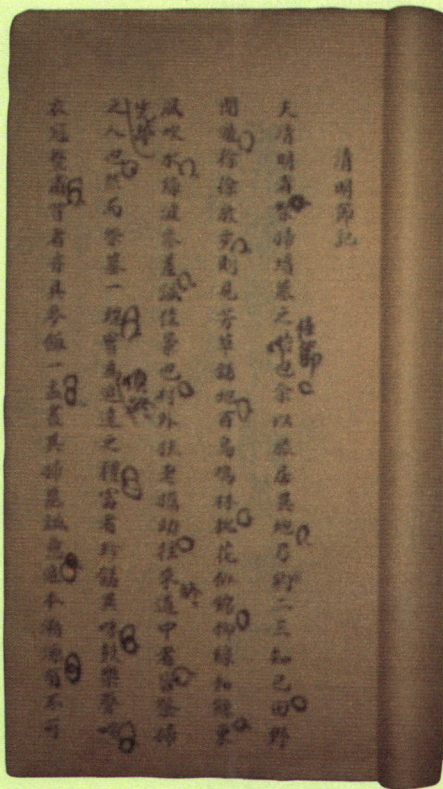

②册页装。分经折装和蝴蝶装。经折装，由卷轴装过渡而来，即将一长条纸，按一定行数左右折叠成长方形，前后加封面。蝴蝶装，将印好的一整页，以有字的一面对折，数页为一叠，将若干叠的版心处粘于用作前后封面的硬纸上。唐末五代即出现这种装帧，盛行于宋元。

③包背装。将书页无字的一面对折，数页为一叠，右边版框空白处打眼订捻，

79

前后封面是一整张纸，书脊被包裹起来。元代和明代前期最流行。

④线装。折叠方法与包背装一样，只是打眼处改用线装订，前后封面各用一纸。出现于明代中期，是中国古籍最后的，也是最通行的装帧形式。明清时期，很多宋元古书重新装修时大半都改为线装。

古籍的版别 >

从总体看来，历代流传下来的古籍分为抄写本、刻印本两类，抄写本即人工抄写的图书，刻印本即采用雕版印刷或活字印刷的图书。但具体区分，又有种种不同的版本名称。在本书中挑选部分有代表性的版别进行介绍。

• 写本

早期的图书，都依赖于抄写流传，雕版印刷术普及之后，仍有不少读书人以抄写古籍为课业，所以传世古籍中有相当数量是抄写本。宋代以前，写本与抄本、稿本无较大的区别，但宋元以后，写本特指抄写工整的图书，例如一些内府图书，并无刻本，只以写本形式传世，像明代《永乐大典》、清代《四库全书》以及历朝实录。

• 稿本

已经写定尚未刊印的书稿，称为稿本。其中，由作者亲笔书写的为手稿本，由书手抄写又经著者修改校订的为清稿本。稿本因其多未付梓，故受人重视，尤其是名家手稿及史料价值较高的稿本，一向为藏书家珍爱。

81

- 邋遢本

　　古代书版因刷印多次，已经模糊不清，印出的书被称为邋遢本，如著名的宋眉山七史到明代还在使用，印出的书字迹迷漫，被称为"九行邋遢本"（因眉山七史 9 行 18 字）。

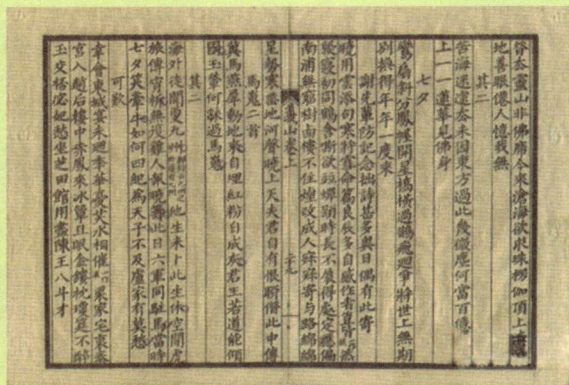

· 巾箱本

　　巾箱即古人放置头巾的小箱子，巾箱本指开本很小的图书，意谓可置于巾箱之中。宋戴埴《鼠璞》载："今之刊印小册，谓巾箱本，起于南齐衡阳王手写《五经》置巾箱中。"由于这种图书体积小，携带方便，可放在衣袖之中，所以又称为袖珍本。古代书商还刻印有一种儒经解题之类小册子，专供科举考生挟带作弊之用，这种袖珍本则称为挟带本。

YIN SHUA GAI BIAN SHI JIE

• 殿本

清康熙间，于武英殿内设修书处，乾隆四年（公元 1739 年）又设刻书处，派亲王、大臣主持校刻图书，所刻之书称为殿本。殿本校刻精致，纸墨上佳，堪与宋刻本相媲美。所刻《明史》《通典》《通志》《文献通考》等书，一向被列为清刻善本。

84

• 善本

最早是指校勘严密、刻印精美的古籍，后含义渐广，包括刻印较早、流传较少的各类古籍。由于历代藏书家中，善本肯定是旧本，那些抄写、刻印年代较近的只能是普通本，如晚清藏书家丁丙在其《善本书室藏书志》的编排中，规定收书范围是：1.旧刻；2.精本；3.旧抄；4.旧校。他按照那个时代的标准，将旧刻定为宋元版书，精本为明代精刻。依据这一划分，随着时间的推移，收藏家心目中的善本年代界限也日益后移。民国时期，明刻本渐渐进入旧刻行列，本世纪中期以后，乾隆以前刻本全都变成了善本，甚至无论残缺多少，有无错讹，均以年代划界。实际上，真正的善本仍应主要着眼于书的内容，着眼于古籍的科学研究价值和历史文物价值。

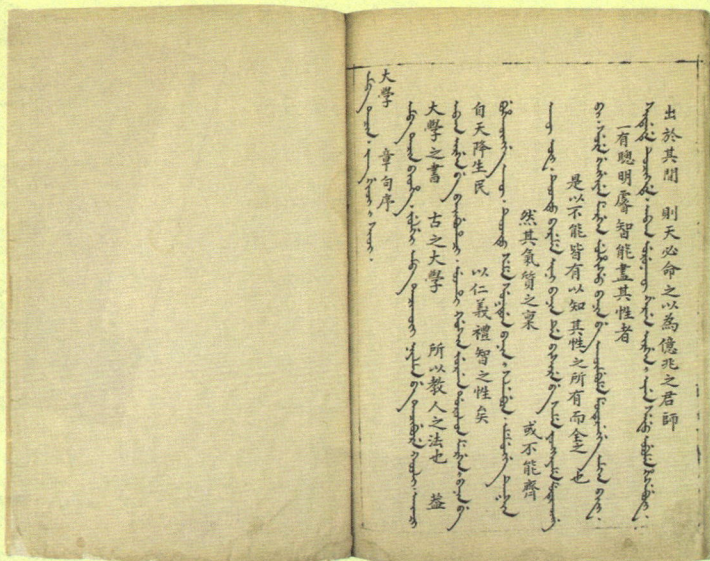

20 世纪 70 年代末，《中国善本书总目》开始编纂，在确定收录标准和范围时，规定了"三性"、"九条"，这应该是对善本概念的一个完整周详的表述：（1）元代及元代以前刻印或抄写的图书。（2）明代刻印、抄写的图书（版本模糊，流传较多者除外）。（3）清代乾隆及乾隆年以前流传较少的印本、抄本。（4）太平天国及历代农民革命政权所印行的图书。（5）辛亥革命前在学术研究上有独到见解，或集众说较有系统的稿本，以及流传很少的刻本、抄本。（6）辛亥革命以前反映某一时期、某一领域或某一事件资料方面的稿本及较少见的刻本、抄本。（7）辛亥革命前的有名人学者批校、题跋或抄录前人批校而有参考价值的印、抄本。（8）在印刷上能反映我国印刷技术发展，代表一定时期印刷水平的各种活字本、套印本，或有较精版画的刻本。（9）明代印谱，清代集古印谱，名家篆刻的钤印本（有特色或有亲笔题记的）。

• 聚珍本

  清乾隆年间选刻《四库全书》珍本，
"聚珍版"即活字本。1773年（清乾隆
三十八年）修《四库全书》时，因种类繁多，
耗费巨大，主管刻书事务的大臣金简乃建
议刻制枣木活字排印书籍，乾隆准其所请，
并改"活字"名为"聚珍"。武英殿内采用

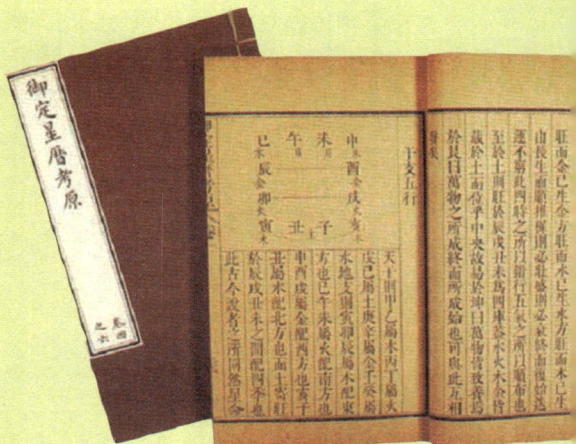

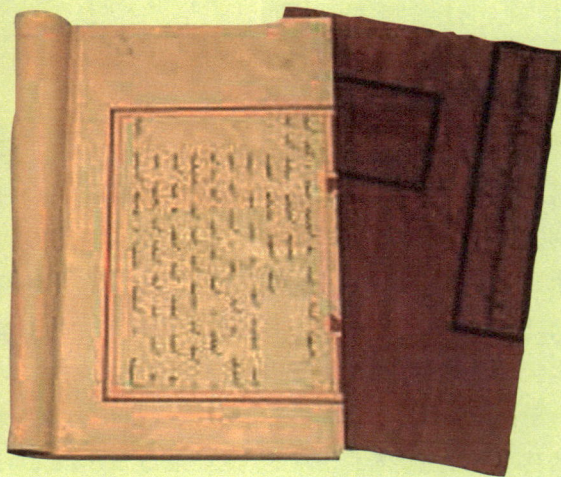

  活字印刷，共刻木活字25万余个，乾隆定名
为"聚珍版"，所印图书遂称"武英殿聚珍本"。
后来各地官书局也仿聚珍版印书，被称为"外
聚珍"，而武英殿活字本被称为"内聚珍"。中
华书局创制仿宋体铅字，排印书籍称"聚珍仿
宋本"。

YIN SHUA GAI BIAN SHI JIE

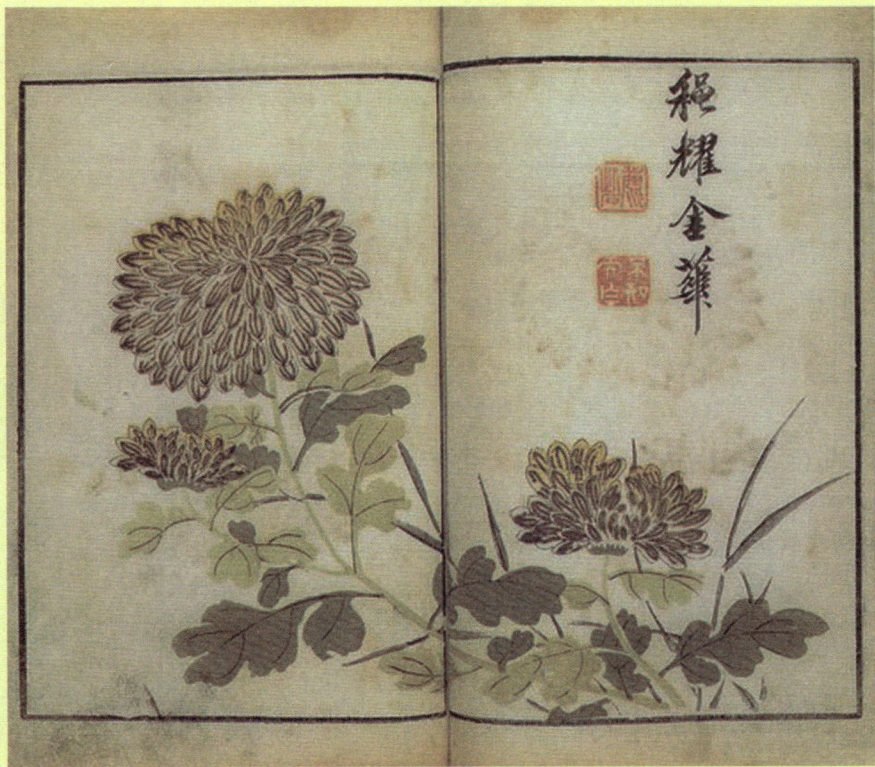

容易混淆的 "古籍" 概念

关于古籍的概念大致有以下四种看法：一、一般认为，凡是线装都是古籍；其次，凡是用文言文写作的书都是古籍；第三，凡是古代人写的书都是古籍；第四，以成书年代为标准来确定古籍。成书年代又有个上限和下限的问题。上限有四种说法，下限有三种说法。首先来看看线装书。这是仅从书的装订形式来分的，显然片面。线装是古籍的主要装订形式，但除线装外，古籍还有卷轴装、经折装、蝴蝶装、包背装等。另外，线装书也并非全都是古籍。如毛泽东、鲁迅等人的著作，一些新文学著作，像《白话初期诗稿》、《爱眉校札》也是线装书。民国时期影印的大量线装碑帖画册均不在古籍之列。至于文言文写作的书都是古籍的说法就更不确切了。因为用文言文写作的书，不一定就是古人的作品。近现代人也有用文言文写作的，特别是旧体诗词，不能说毛泽东的诗词、鲁迅的旧体诗都是古籍。凡是古代人写的书都是古籍的说法也不对，古人的著作在近现代用新的印刷方式重印，显然也不能算是古籍。

YIN SHUA GAI BIAN SHI JIE

古籍保存与保护 ＞

古籍是我国重要的文化遗产，人类的宝贵财富，具有重要的历史文化价值，需要永久地保存。但随着时间流逝，在自然及人为等因素的影响下，古籍会逐渐老化而受损，严重的导致无法使用，将给人类文化造成极大的损失。古籍保护的任务是研究其损坏的原因，寻找科学的保护方法，延长其寿命。

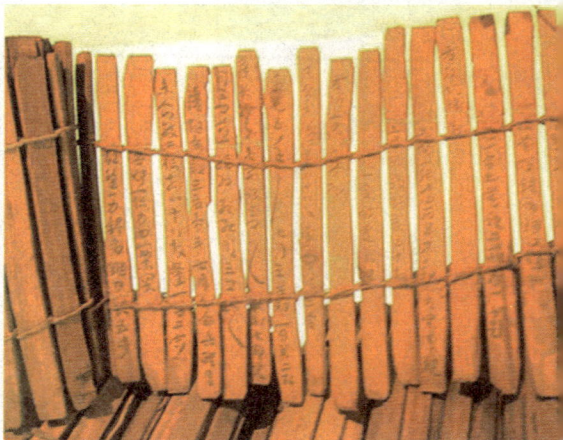

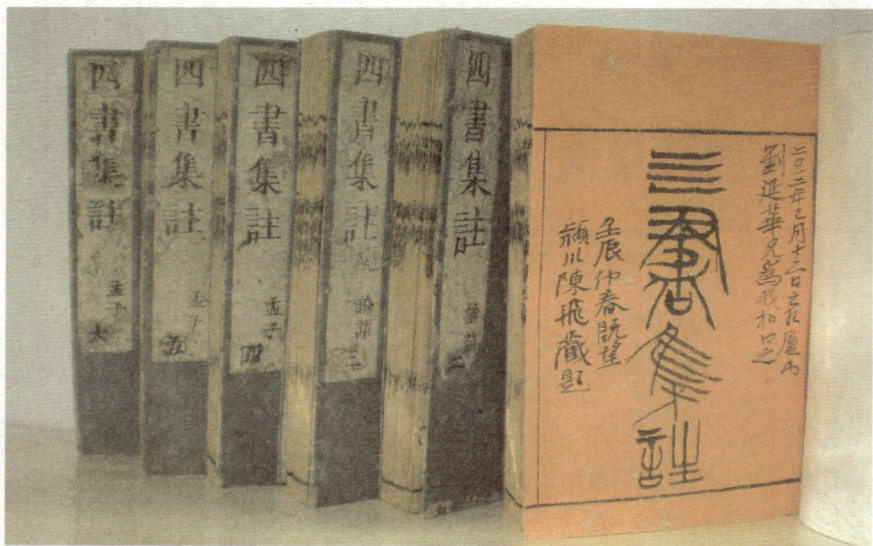

• 温湿度的作用

1. 温度：高温，书库的温度过高会使耐热性比较差的字迹发生扩散；有利于有害生物的生长和繁殖，每种微生物的生命活动都有一定的温度范围，超过这个范围则生长缓慢或停止；高温会加速古籍纸张材料中各种有害的化学杂质的破坏作用。一般来讲，温度愈高，化学反应进行得愈快。低温，低温将会使纸张里的水分产生结冰，致使它的内部结构遭到破坏，使得强度下降，所以库房温度不要低于零摄氏度。

2. 湿度：库房潮湿会加速古籍纸张材

料纤维素的水解，纸张强度下降；潮湿会使耐水性较差的字迹洇化褪色；有利于古籍有害生物的生长和繁殖。危害古籍的微生物的生存及新陈代谢是离不开水的，这些水分主要来自古籍纸张中的水分，而纸张含水量的多少又受到库房空气湿度的影响。一般来讲，无论是危害古籍的霉菌还是害虫，它们所要求的最适宜的湿区约在70%以上；库房潮湿还会促进空气中的有害气体，灰尘等对古籍制成材料的破坏。

湿度太低会使纸张里的水分过度蒸发不能保持正常的含水量，将会使纤维内部的结构遭到破坏，纸张纤维就会变硬变脆，强度也必然下降。

- ## 古籍特藏书库环境温湿度

古籍特藏书库环境温度：16℃—22℃；相对湿度：45%—60%。为了最大限度地延长古籍保存寿命，古籍特藏书库的温湿度应保持稳定，温度日较差不应大于2℃，相对湿度日较差不应大于5%。

测湿仪表

• 温湿度测定

　　测定温湿度有相应的仪器，有测湿仪表、液体温度计、电阻温度计、普通干湿球温度计等。通过测定来掌握库内外温湿度变化的规律，以便及时主动地采取控制和调控库内温湿度的措施。掌握通风降湿的有利时机，查看控制和调节库房温湿度实施的效果。

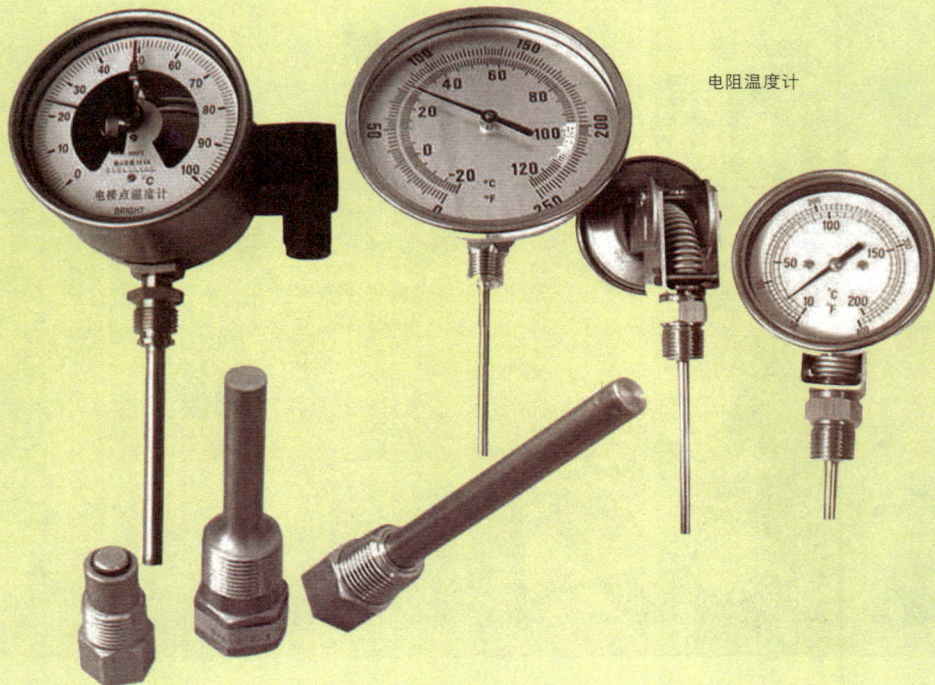

电阻温度计

• 古籍损坏环境因素的防治

1. 密闭：密闭的作用是防止或减少不适宜的温湿度对库内的影响，以便尽量保持库内比较适宜的温湿度相对地稳定。库房密闭的重点是门窗的密闭，对于库房多余的门窗要采取永久性的密闭。但密闭只有控制的作用而没有调节的作用，所以必须和通风及调节库房温湿度的其他措施相结合。

2. 通风：通风是根据空气流动的规律，有计划地使库内外的空气交换，从而达到调节库内温湿度的目的。通风也是一项经济有效、简便易行的调节库内温湿度的措施。通风时，应注意防止灰尘和有害气体进入库内；通风后，应立即密闭，使库内适宜的温湿度能长时间的保持稳定。

3. 防光：光是从发光体辐射出来的电磁波，它是以高频率波动的方式进行传播的。 光能直接破坏纸张中的纤维素，使纸张的机械强度下降。一定波长的光，具有破坏纤维素的能量，波长愈短，能量越大，破坏能力越大。在光的作用下会加速纸张纤维素的氧化作用；光会破坏纸张中的非纤维素，若纸张中含有木素成分较多，经光照会在很短时间内使木素变为氧化木素；也可使一些字迹褪色。 从光源来分，光有自然光和人工光。

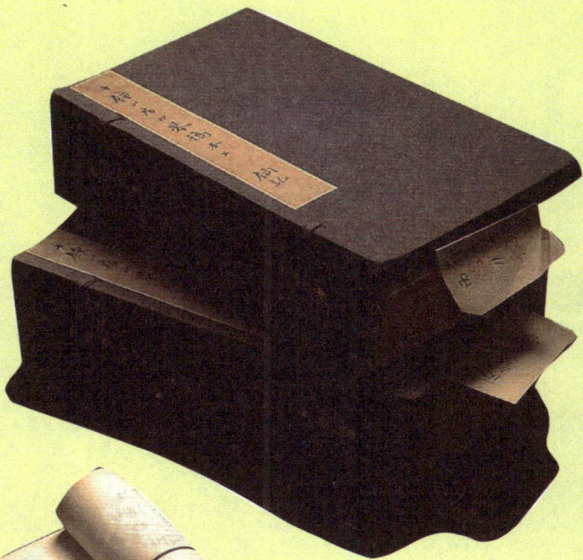

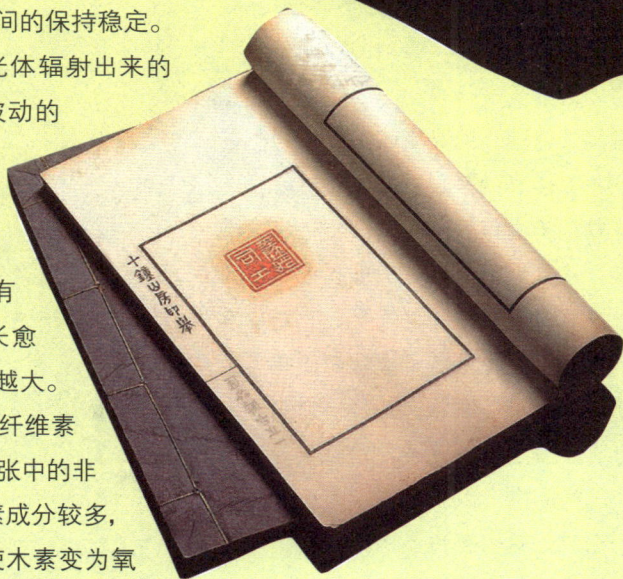

自然光的防止措施——限光：就是把它们对古籍的辐射强度限制在允许的照度值内。一般库房的东、西向不宜设窗，并且应适当减小窗户的面积，采取遮阳措施。除了对光源照度加以限制外，还应采取滤光措施，阻止紫外线对古籍的伤害。

人工光的防止措施：人工光源中，白炽灯的紫外线含量较少。普遍采取柜、箱、盒、袋等保存方法都能在一定程度上起到避光作用。

4. 防空气污染：空气中的固体微粒，大多带有棱角，纸张表面由于磨擦起毛会影响字迹的清晰度，增加酸、碱对古籍书的影响，使古籍黏结成砖，传播霉菌孢子。对此，我们可以提高库房周围绿化的覆盖率，因为绿色植物有吸收有害气体的功能，对大气有滞尘、过滤、吸附的作用。也可对库房内的空气进行净化。因此，搞好库房温湿度的管理，把温度和湿度控制在有害生物不易生长的条件下，是抑制和阻止有害生物危害古籍的最根本、最有效的措施。按照库房温度、湿度标准来控制与调节温、湿度，就能在一定程度上改变有害生物的最有利的生活条件，从而使有害生物经常处于被抑制的状态，减少它们对古籍的危害。建立健全卫生制度，并要认真执行，严格库房出入制度。库内也不应堆放任何杂物，对古籍也要进行定期防疫检查。

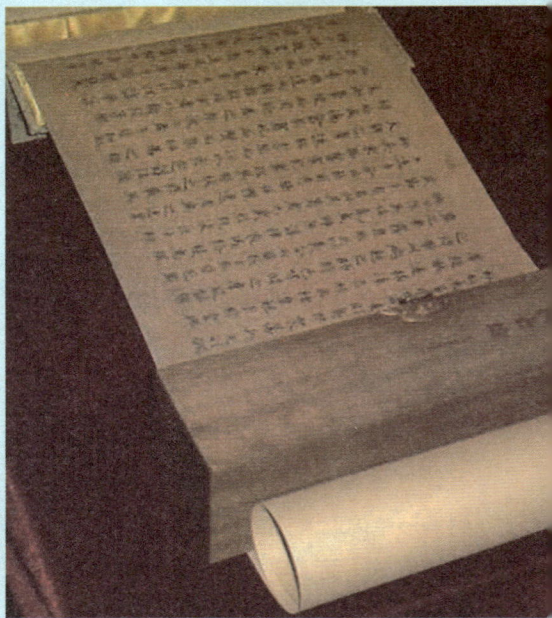

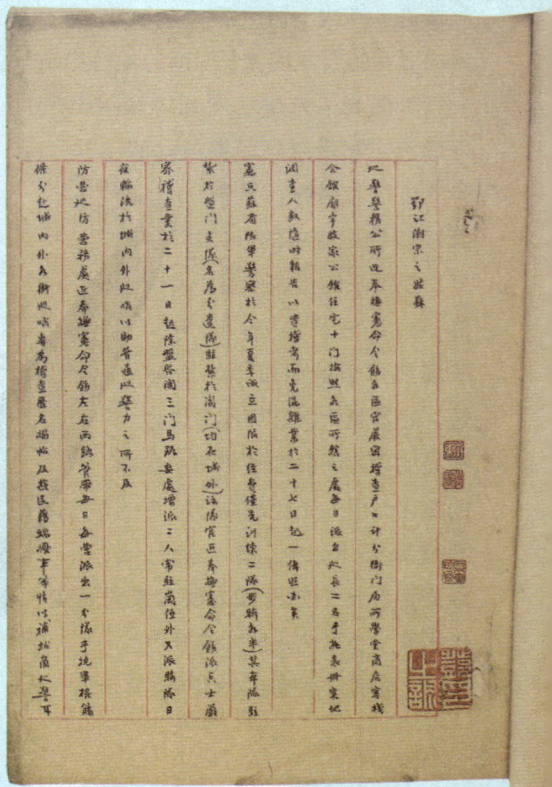

YIN SHUA GAI BIAN SHI JIE

• 古籍的破损类型

如无妥善保护，就会对古籍造成严重伤害。主要表现为书页纸张内部成分的变化造成的劣化，生物、微生物侵害以及人为因素造成的破坏。

1. 纸张内部原因引起的劣化

酸化：酸化是在古籍纸张内部发生的一种自然变化。主要表现为纸张酸性增强，PH值降低；纸张变硬、变脆；严重的无法翻动，甚至碎成纸屑。一般来说，只要纸张内部含有酸性物质，即使古籍只藏不用，酸性也会逐渐增强，纸张变脆劣化，直至消亡。如果保管的条件良好，能够起到的作用也只能是延缓而不能抑制纸张变质的过程。并且酸的破坏作用具有迁移性。

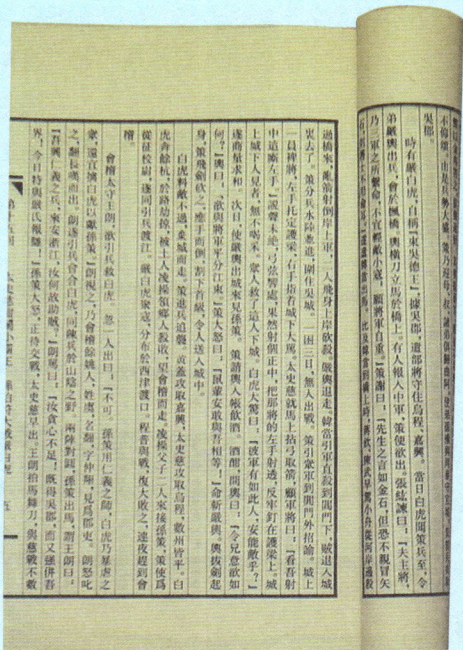

书页中酸化严重的局部，可以逐渐蔓延到整张书页，最后蔓延到整册书籍，甚至会污染到装书籍的书盒，使本来没有酸性物质的木制书盒也沾染上酸，对古籍的破坏作用极大。 纸张中酸度值一般用纸的PH

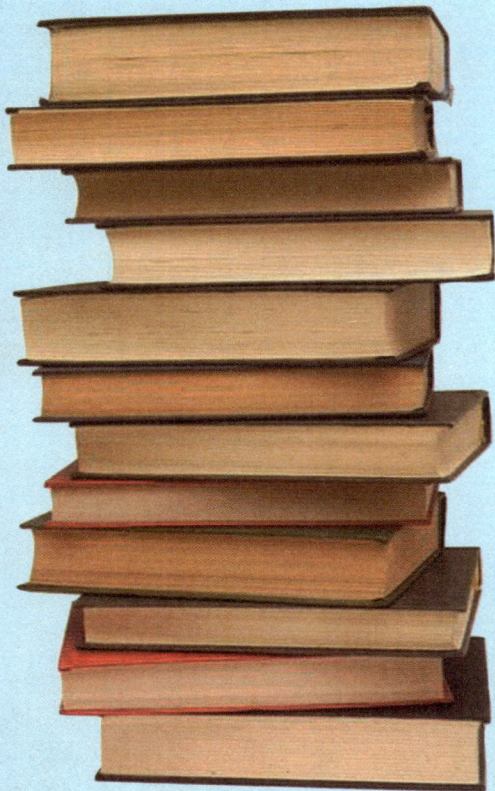

值来表示，PH值为7时，表示纸张的酸碱值为中性；PH值超过7时，数值越大，表示纸中的含酸量越少而渐呈碱性；PH值小于7时，数值越小，表示纸中的酸含量越高。

老化：老化是纸张受到各种自然因素影响而导致的纸张劣化，如纸张变色、焦脆、掉渣或成粉状等。造成纸张老化的原因较为复杂，光照、污染、潮湿等因素均会对纸张产生不良影响。老化同酸化一样，也是纸张内部产生的变化。起初为黄斑形式，开始很小，但逐渐扩大，不断蔓延，且颜色加深，致使纸张老化部位逐渐脆化，变得一碰就掉碎渣，直至成为粉末。

2. 微生物侵害：古籍中的微生物侵害主要是霉菌对书页的侵害以及因此造成的粘连。

霉蚀：指霉菌对古籍造成的损害。古籍受潮或遭水浸以后，附在书上的霉菌孢子迅速发育，生长出菌丝，致使书页病变区域的纸张强度逐渐降低直到完全丧失的过程。霉菌分泌物在书页上形成霉斑并可使书页相互粘连，严重的会变成书砖。 古籍书页上的各种霉斑颜色不一，一般多见白色、紫色、黑色等等，同时伴有程度不同的书页变薄、变轻、变色。严重的可造成大面积缺失。

粘连：因受潮、霉蚀等原因造成的书页粘接。书页上出现这种情况如果得不到及时有效的处理，时间一长书页就会粘在一起，日后处理时就会很难再揭开。

3. 生物侵害：是指古籍遭到昆虫以及鼠类动物的侵害。

虫蛀：即昆虫蛀食对书页造成的损坏。虫蛀是指昆虫蛀食书页以后在古籍中留下的圆形或曲线形蛀洞、蛀痕。

鼠啮：即鼠类动物啮食对书页造成的损坏。鼠啮主要表现为在书页四周造成缺损，面积大小不一。此外，书中大多伴有鼠溺侵蚀造成的生霉、粘连现象，往往形成书砖，对书籍造成较大伤害。 经过鼠撕咬过的书页，多数成片损坏，造成部分书页的缺失。多发生在书籍四周，往往是垂直码放在一起的书一起受损。

4. 人为因素造成的损害：主要指过度使用造成的磨损、不慎撕裂以及因此造成的书页缺损等人为因素的损坏。

絮化：指古籍四周纸张纤维蓬松呈棉

YIN SHUA GAI BIAN SHI JIE

絮状。其产生原因是书籍在保存、流通过程中受到过度的摩擦所致。絮化可使书页病变区域的纸张强度降低直至全部丧失。

撕裂：这是人为因素对古籍造成的最常见的损害。裂口的长度有的长，有的短，裂口的边缘有的整齐，有的凸凹无序。

缺损：书页残缺有自然原因造成的，如因水浸、霉变、大面积虫蛀、纸张老化、磨损以及鼠害造成的残缺等等。也有因人为因素造成的残缺，例如撕毁，这是古籍中经常能够见到的。

烬毁：火后一般古籍书页上会残留火烬痕迹，由于多数火烬古籍曾在灭火时被水浇过，所以曾被火烬的书籍大多也有和霉变、粘连、变形等破损情况复合发生的。烬毁的书籍一般都比较脆，烧过的地方颜色较深，且一碰即碎。

皮破、断线：书皮、装订线的破损、断缺，这是古籍中最常见的破损。

古籍修复常识 >

• 古籍修复的原则

最少干预原则：就是在古籍的修复中，摈弃传统的整卷整叶托裱的方法，对文献各部分的残破现状做具体分析，对不同情

再恢复，而是尽可能保持该文献修复前的原貌，就是在修复工作中仅使该文献的残破部分得到养护，决不使其他部分的现有状况产生任何形态上的改变。

可逆性原则。即修复措施是可逆的，可重复的。如果将来发现有更科学更适宜

况予以不同处理。尽量少地在藏品上添加修复材料，避免因过度修复而造成的保护性破坏，尽量保留古籍文献的各种研究信息。

整旧如旧原则。就是在修复中尽可能保持古籍文献的原貌，保留文献的装帧风格。这里所谓的"整旧如旧"，并不是企图回复该文献没有损坏以前的原貌，"如"古代的"旧"。古代的那个"旧"，不可能

的保护修复技术，随时可以更换修复材料，回到修复前的原来状态。同时可逆性原则对于我们改正工作中的失误而尽量不损害古籍非常必要。

最大限度保留历史信息的原则。即修复中所用的修复材料(纸张、线、颜料、墨等)必须与原始文件的材料有一定的色差，避免与藏品本身固有的历史信息混淆。

• 修补古书用纸的选择

选取修补古籍的纸张，首先要注意纸张的酸碱度，不能用酸性纸张去修补古籍，以免引起或加速古籍纸张的酸化；其次，如果选用旧纸修复古籍，要注意旧纸的纸张强度不能太低；同时，还要注意所选纸张的纤维组成应该与古籍的纸张相近，厚薄相近，颜色相似但不能相同。补纸的吸水性要强，才易于黏合。纸张帘纹的宽窄也要相近。具体修复工作中还要注意补纸与古籍纸张的帘纹方向要一致。总之这些都适宜了，才能使修复处纸张黏结的牢固服帖，与原来的书页协调自然。

• 修复古籍用胶黏剂的选择

凡能够通过表面接触使两种物质黏结在一起的物质都称为胶黏剂或黏合材料。现在市场上出售的胶黏剂种类很多，按主要黏性成分的来源，可分为天然胶黏剂及人工合成胶黏剂两大类。为了长期保存而不腐，市售的胶粘剂一般都加入了对古籍纸张有害的化学物质；某些人工合成胶黏剂为了能在较低温度和合理时间内凝固，含有较多的酸性物质，胶黏剂的酸度较高。而且，某些人工合成胶黏剂粘结过程不可逆，黏结力很强，一旦粘上很难再把黏结面分开，除非损坏一个接触面。这些对古籍修复都不适宜。古籍修复所用的胶黏剂，要求无酸无色，并且在古籍中使用后经过长期存放也不会产生酸性物质和有色物质，黏结力要大小适宜。胶黏剂的黏结力太大容易使黏结处纸张皱折甚至破裂；粘结力太小，经过一段时间存放后黏结处又会脱胶；古籍修复所用的胶黏剂还要求黏结过程可逆，即用一定的方法可以将黏结的古籍书页和补纸分开而不损害古籍书页；不容易发生虫蛀，性质稳定，在干燥的状态下粘结力的保持期应不低于文献的

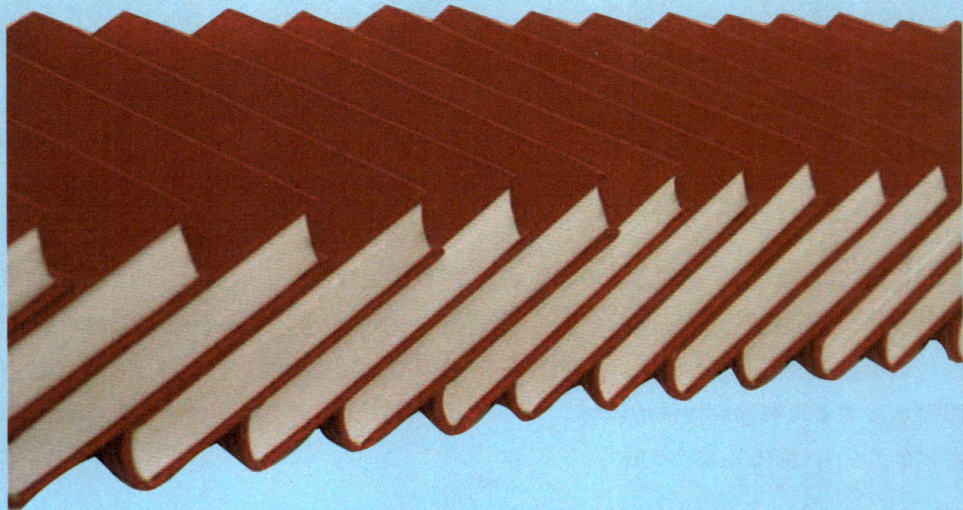

YIN SHUA GAI BIAN SHI JIE

保存期限。国家图书馆中修复古籍常用的胶黏剂是用去除蛋白质的小麦淀粉熬制的浆糊，具体使用时先熬制稠浆糊然后再根据古籍纸张的厚薄、纸性的不同兑水调配成不同黏度的稀浆糊，随调随用。也有的图书馆修复破损程度较轻的古籍时用甲基纤维素做胶黏剂。它们都能较好地满足修复古籍用胶黏剂无色、可逆、无酸、稳定、粘结力适宜等主要要求。

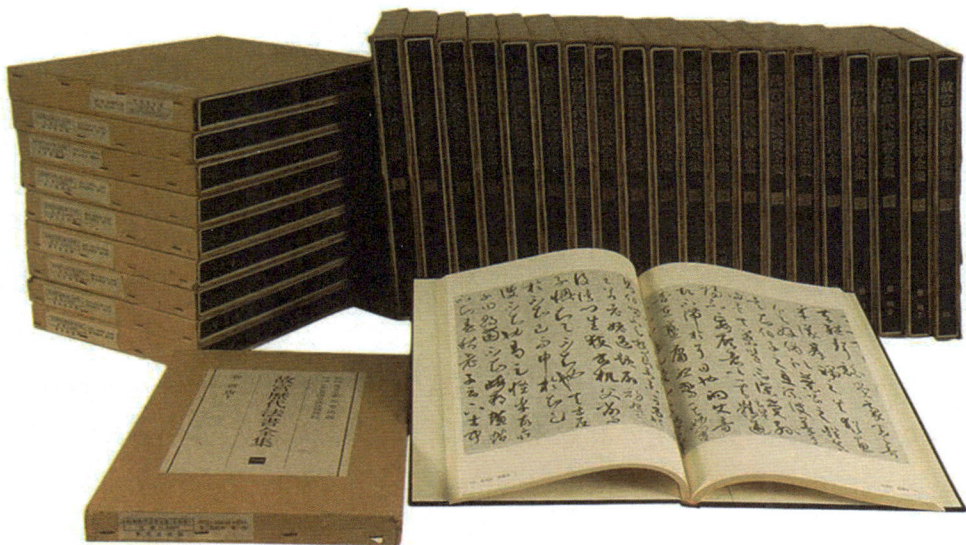

中国古籍藏书量最多的图书馆

　　中国国家图书馆是中国古籍藏书量最多图书馆，其中的新古籍馆由原来的国家图书馆善本部和北海分馆合并而成。古籍馆藏有 27 万余册中文善本古籍，其中宋元善本 1600 余部；164 万余册普通古籍，其中有万余种地方志及 3000 余种家谱；3.5 万余件共 16 种少数民族语言的民族语文文献；还有 3.5 万片甲骨实物、8 万余张金石拓片以及 20 余万件古今舆图。古籍馆还藏有 2.5 万余册外文善本，其中包括反映西方早期书籍形态的摇篮本。另外，古籍馆还藏有 3 万余件新善本，主要内容包括辛亥革命前后的进步书刊、马列经典著作的早期译本以及革命文献、近代名家手稿等。

● 印刷术发明的意义

知识储存、更新和扩散的方式的改变 ＞

印刷并不是创造了书,但它改变并界定了它。在手抄写年代,书籍和手抄本是通过抄写员艰难地生产出来的,每一本抄写的书与原版本都有细微的差异。错误从一本手抄本繁殖到另一本上,新的错误又不断增加。一个手抄书籍中包含的知识和思想只能被很少的人读到或拥有。流浪的学者是反馈和散发书籍或知识的主要源泉。"当他们读一本书时,他们的旁注上就增加了更正的或者是他们自己拥有的新思想。学者到处流浪的过程中,他们携带着手抄本及里面的知识并把它传授给他人。手抄本和较小的流浪学者数量使得知识的保存非常不稳定。"

印刷术改变了这种情况,对保存和

活字印刷

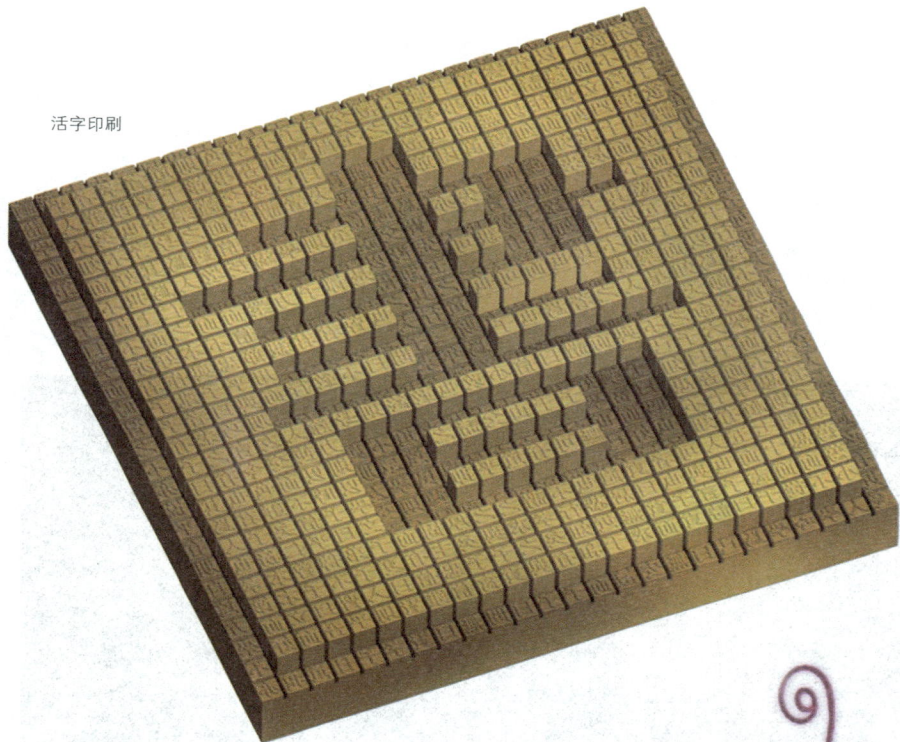

传播知识产生了影响。一本手抄本的上千份的复制品确保了它的储存和扩散。即使当时还局限于富人阶层购买，但是巨大的复制数量也使得书籍对于普通公众更容易获得。"不像手抄本，印刷书是标准化生产，上千份复制品一个样。有利于出版商订正错误和接受来自读者经历的反馈。"

搜索知识的方式的改变 ＞

在手抄本年代，获得信息的能力大部分依赖于一个人的回忆能力。有数不清的记忆装备来帮助一个人回忆，有权威来供你咨询。除了瞬间记忆，个人不得不主要依赖于他自己的回忆。获得信息的能力从印刷时代开始了跨越式的发

学习方式的变化 ＞

印刷术的一个直接的学术层面的影响是改变了一个人的学习方式。在手抄本时代，为了教育知识分子，由于手抄本是稀缺的，学习主要通过听别人读或演讲来获得，并且在此之前，记忆是非常重要的。"获取知识的方式从听演讲或谈话转

印刷浮雕

传承华夏文明
发扬创新精神

中国古代 毕昇
活字印刷术
发明者 北宋

展。在15世纪后期，随着一本书完全相同的上百份复制品的产生，一些更加完全和整齐的印刷特点成为印刷商的一个卖点。印刷书籍产生了大量的变化，导致了印刷文字的更有序的、更系统的排列，例如扉页、规则编号的页面、标点符号、分节符，页头书名，插页图表等等，所有这些都有利于知识的获取。

移到安静的阅读，面对面的交流获取知识被人与印刷文字的相互作用所代替，这些都对知识传递的途径产生了重要影响。阅读作为无声的老师显然比公共演讲影响深远。"印刷术产生的变化缩短了学习专业知识的年限。以前师傅和徒弟之间的关系已经改变，利用印刷资料作为无声的导师的学生不再可能听从传统

印刷术

的威权，并且更能接受创新的趋势。第谷通过挑战他的导师和自学而成了一位天文学家。他通过利用印刷材料改变了原来的大师—学徒式的关系。

通过这三种方式，印刷技术不仅提高了识字率，促进了劳动力普遍知识水平的提高，而且推动了学术研究的发展，导致了知识分子阶层的产生。通过阅读用口头语言及廉价的材料复印下来的文本，这种学习方式减少了解码信息的成本。在15世纪中期，欧洲会识字的男人还不到10％。但是到17世纪早期，已经有超过30％的男人和10％的女人会读和写了。谷登堡印刷术的发明，恰好赶上世界交往形成的年代与广泛的交流需要相一致，很快被普及应用。恩格斯对印刷术的发明的意义有精辟的论述："印刷相应技术发明以及商业发展的迫切需要，不仅改变了只有僧侣才能读书写字的状况，而且也改变了只有僧侣才能接受较高级的教育的状况。"爱因斯坦也评价说："可以说没有哪个欧洲历史的社会革命能如此重要，以至于看书学习(以前主要是上了年龄的男人和僧侣才有)逐渐变成小孩、少年和青年人的日常生活的焦点……由于一种印刷材料的消费者适合一系列的学习阶段，不断成长的小孩比中世纪的学徒、耕童、新手和男侍童将经历更多不同的发展历程,受到更多的教育。"

103

印刷术的发展与汉字的演变

中国汉字的字体，几千年以来经历了不断发展演变的过程。从甲骨文、金文，到小篆、隶书、草书、行书、楷书，这是一个循序渐进的演变历程，其中已知的甲骨文、金文、小篆、隶书、楷书，自商代到唐宋，字体逐次替代，分别作为官方通用的文字。字体的演变和官方标准文字的替代是同步进行的。然而自宋代以后的近千年来，汉字的字体就基本定型，没有再进一步发生演变，这是一个值得注意的现象。

中国书法史 >

中国书法是一门古老的汉字的书写艺术，从甲骨文、石鼓文、金文（钟鼎文）演变而为大篆、小篆、隶书，至定型于东汉、魏、晋的草书、楷书、行书等，书法一直散发着艺术的魅力。中国书法是一种很独特的视觉艺术，汉字是中国书法中的重要因素，因为中国书法是在中国文化里产生、发展起来的，而汉字是中国文化的基本要素之一。以汉字为依托，是中国书法区别于其他种类书法的主要标志。

甲骨文

YIN SHUA GAI BIAN SHI JIE

• 先秦书法

书法是中国特有的艺术，虽然书法艺术的自觉化至东汉末才发生，但书法艺术当与汉字的萌生同时。汉字的形成经历了很长的历史时期。目前发现的与原始汉字有关的资料，主要是原始社会在陶器上遗留下来的刻画符号，但许多文字学家认为，它们还不是文字，只是对原始文字的产生起了引发的作用。大多数文字学家认为"汉字的形成时代大概不会早于夏代"，并在"夏商之际（约在公元前17世纪）形成整的文字体系"。

为学术界公认的我国最早的古汉字资料，是商代中后期（约前14至前11世纪）的甲骨文和金文。从书法的角度审察，这些最早的汉字已经具有了书法形式美的众多因素，如线条美、单字造型的对称美、变化美以及章法美、风格美等。从商代后期到秦统一中国（前221年），汉字演变的总趋势是由繁到简。这种演变具体反映在字体和字形的嬗变之中。西周晚期金文趋向线条化，战国时代民间草篆向古隶的发展，都大大削弱了文字的象形性。然而书法的艺术性却随着书体的嬗变而愈加丰富起来。

这一时期的主要作品有：殷商甲骨文、西周大盂鼎铭文、西周毛公鼎铭文。

105

YIN SHUA GAI BIAN SHI JIE

• 开创先河的秦代书法

春秋战国时期，各国文字差异很大，是发展经济文化的一大障碍。秦始皇兼并天下，臣相李斯主持统一全国文字，使之

书有八体，一曰大篆，二曰小篆，三曰刻符，四曰虫书，五曰摹印，六曰署书，七曰书，八曰隶书。"基本概括了此时字体的面貌。

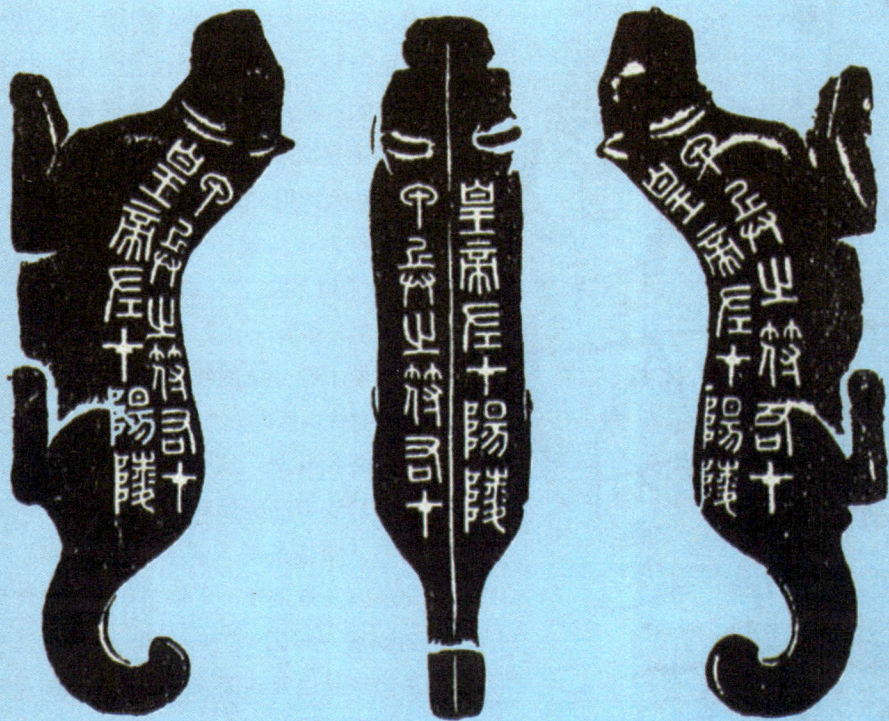

秦阳陵虎符

整齐划一，这在中国文化史上是一伟大功绩。

秦统一后的文字称为秦篆，又叫小篆，是在金文和石鼓文的基础上删繁就简而来。著名书法家李斯的代表作为秦泰山刻石，历代都有极高的评价。秦代是继承与创新的变革时期。《说文解字序》说："秦

隶书的出现是汉字书写的一大进步，是书法史上的一次革命，不但使汉字趋于方正楷模，而且在笔法上也突破了单一的中锋运笔，为以后各种书体流派奠定了基础。这一时期的主要作品有：泰山刻石、云梦睡虎秦简。

• 隶书大盛的汉代书法

汉代从公元前202年到公元220年，是汉字书法发展史上关键性的一代。汉代分为西汉和东汉，两汉300余年间，书法由籀篆变隶分，由隶分变为章草、真书、行书，至汉末，我国汉字书体已基本齐备。因此，两汉是书法史上继往开来，由不断变革而趋于定型的关键时期。隶书是汉代普遍使用的书体。汉代隶书又称分书或八分，笔法不但日臻纯熟，而且书体风格多样。刘勰《文心雕龙·碑》说："自后汉以来，碑碣云起。"因此，东汉隶书进入了形体娴熟，流派纷呈的阶段，目前所留下的百余种汉碑中，表现出琳琅满目，辉煌竞秀的风貌。

在隶书成熟的同时，又出现了破体的隶变，发展而成为章草，行书、真书也已萌芽。书法艺术的不断变化

发展，为以后晋代流畅的行草及笔势飞动的狂草开辟了道路。另外，金文、小篆因为使用面越来越小而渐趋衰微，但在两汉玺印、瓦当和嘉量上还使用，并使篆书别开生面。康有为曾说："秦汉瓦当文，皆廉劲方折，体亦稍扁，学者得其笔意，亦足成家。"这一时期的作品有：马王堆帛书、西岳华山庙碑、摩崖石刻。

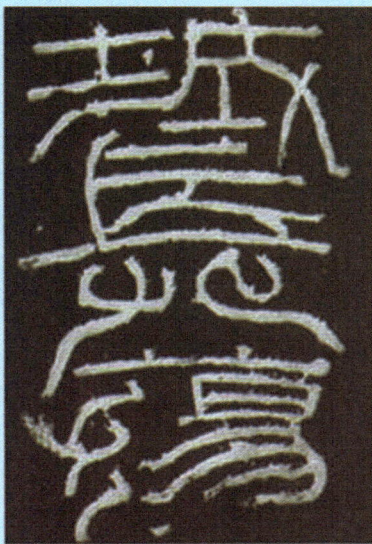

● 魏晋书法

从汉字书法的发展上看，魏晋是完成书体演变的承上启下的重要历史阶段。是篆隶真行草诸体兼备俱臻完善的一代。汉隶定型化了迄今为止的方块汉字的基本形态。隶书产生、发展、成熟的过程就孕育着真书（楷书），而行草书几乎是在隶书产生的同时就已经萌芽了。真书、行书、草书的定型是在魏晋200年间。它们的定型、美化无疑是汉字书法史上的又一巨大变革。

这一书法史上了不起的时代，造就了两个承前启后，巍然绰立的大书法革新家——钟繇、王羲之。他们揭开了中国书

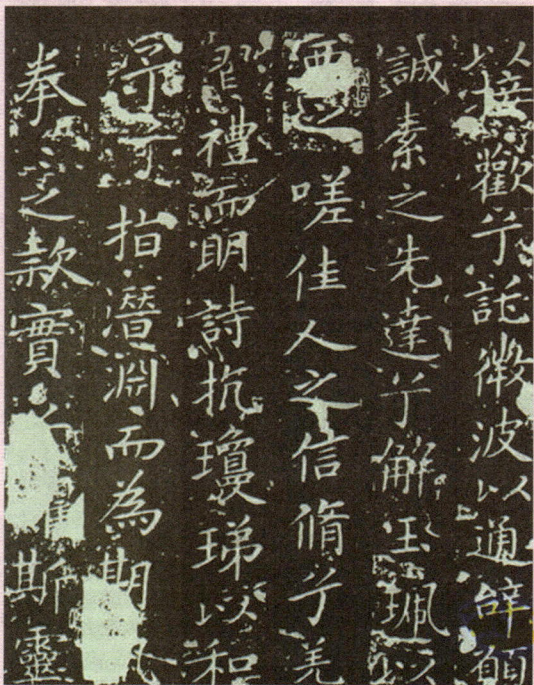

法发展史的新的一页。树立了真书、行书、草书美的典范，此后历朝历代，乃至东邻日本，学书者莫不宗法"钟王"。盛称"二王"（王羲之及其子王献之），甚至尊王羲之为"书圣"。又有王珣（羲之侄）善行书，有《伯远帖》传世。这一时期的主要作品有：《兰亭序》《洛神赋十三行》。

YIN SHUA GAI BIAN SHI JIE

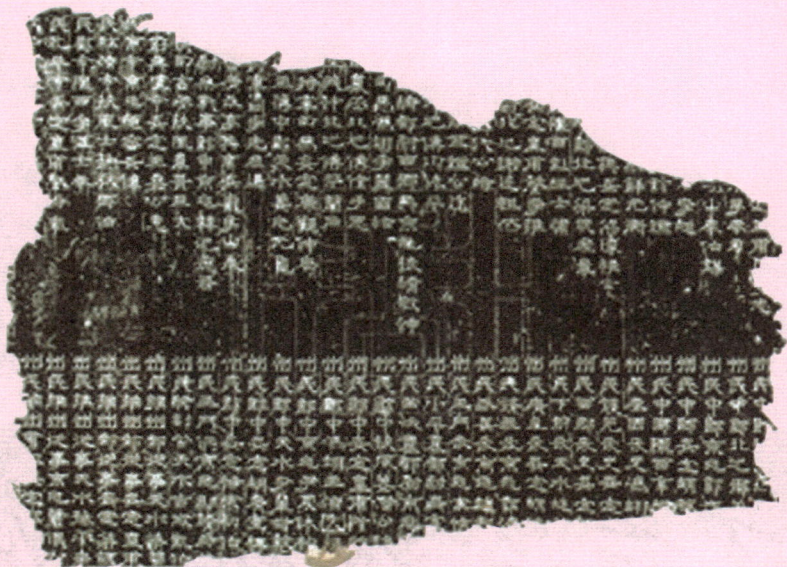

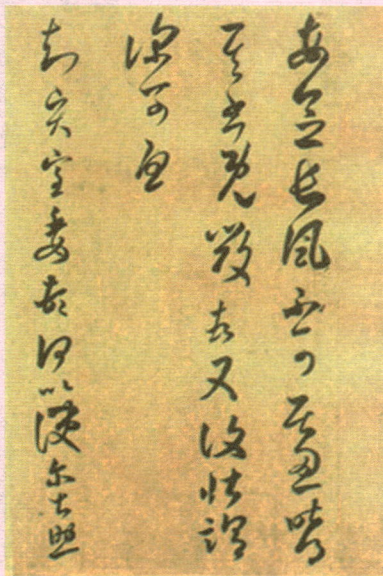

• 南北朝书法

　　此时书法，继承东晋的风气，上至帝王，下至士庶都非常喜好。南北朝书法家灿若群星，无名书家为其主流。他们继承了前代书法的优良传统，创造了无愧于前人的优秀作品，也为形成唐代书法百花竞妍群星争辉的鼎盛局面创造了必要的条件。

　　南北朝书法以魏碑最胜。魏碑，是北魏以及与北魏书风相近的南北朝碑志石刻书法的泛称，是汉代隶书向唐代楷书发展的过渡时期书法。康有为说："凡魏碑，随取一家，皆足成体。尽合诸家，则为具美"。唐初几位楷书大家如虞世南、欧阳询、褚遂良等，都是直接继承智永笔法取法六朝的。这一时期的主要作品有：石门铭、泰山金刚经。

109

• 唐代书法

YIN SHUA GAI BIAN SHI JIE

　　唐代文化博大精深、辉煌灿烂，达到了中国封建文化的最高峰，可谓"书至初唐而极盛。"唐代墨迹流传至今者也比前代多，大量碑版留下了宝贵的书法作品。整个唐代书法，对前代既有继承又有革新。初唐书家有虞世南、欧阳询、褚遂良、薛稷、陆柬之等，此后有创造性的还有李邕、张旭、颜真卿、柳公权、释怀素、钟绍京、孙过庭。唐太宗李世民和诗人李白也是值得一提的大书家。楷书、行书、草书发展到唐代都跨入了一个新的境地，时代特点十分突出，对后代的影响远远超过了以前任何一个时代。这一时期的主要作品有：龙藏寺碑、岳麓寺碑、颜家庙碑。

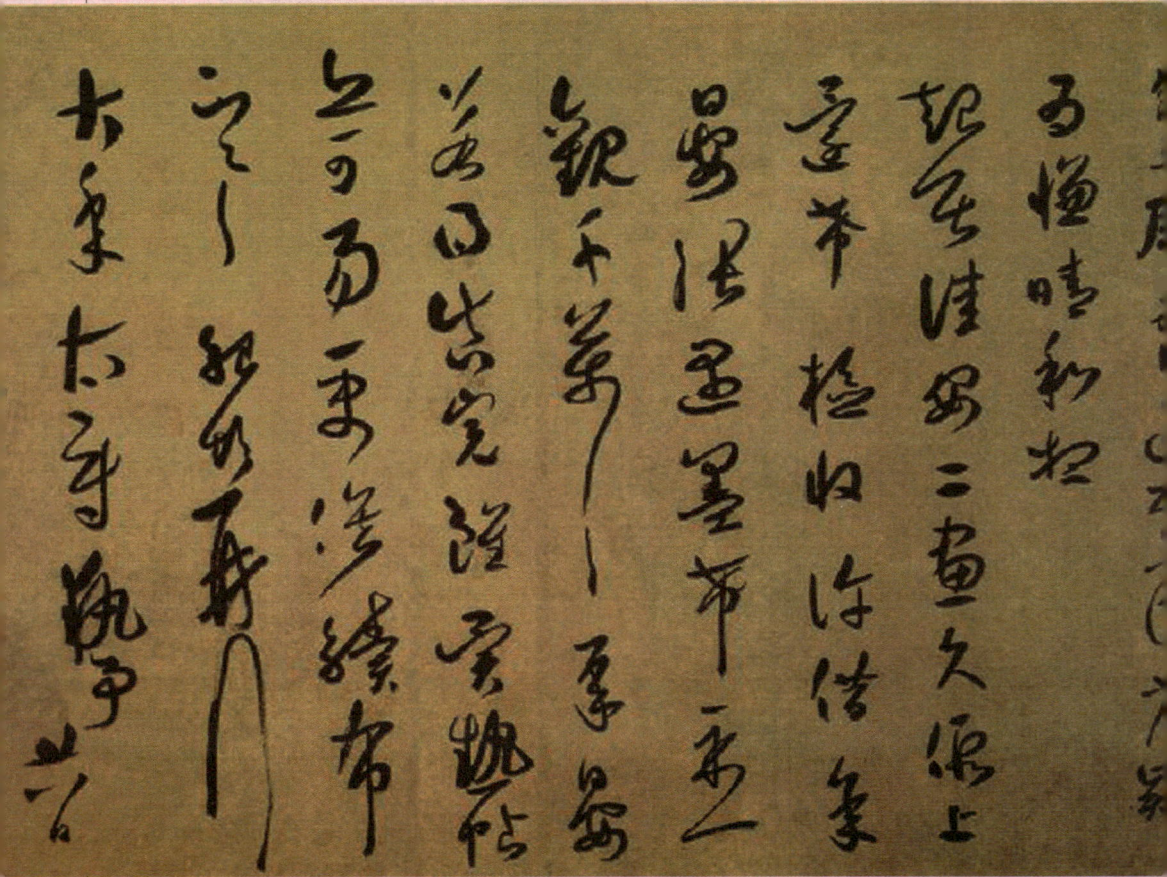

薩言善男子汝見是衆希有事不迦葉荅言
已見世尊見諸如來無量無邊不可計稱受
諸大衆人天所奉飯食供養又見諸佛其
身姝大所坐之處如一針鋒多衆圍繞不相
郭骨復見大衆悉發誓願說十三偈亦如大
衆各心念言如來今者獨受我供假使純施
所奉飯食碎如微塵一塵一佛猶不周遍以
佛神力悉皆尢盡一切大衆唯諸菩薩摩訶
薩及文殊師利法王子等能知如是布有事
耳愍是如來方便示現聲聞大衆及阿俯羅
等皆加如來是常住法令時世尊吾純陀言
汝今所見為是希有奇特事不實令世尊我
先所見無量諸佛卅二相八十種好庄嚴其

• 存唐遗风的五代书法

五代书法艺术虽承唐末之余续，但因兵火战乱的影响，形成了凋落衰败的总趋向。苏轼评及五代书法时曾说："自颜柳氏没，笔法衰绝，加以唐末丧乱，人物凋落，文采风流，扫地尽矣。独杨公凝式，笔迹雄杰，有'二王'、颜、柳之余，此真可谓书之豪杰，不为时世所汨没者。"至此，唐代平正严谨的书风已告消歇，渐变入欹侧纵肆，以后北宋"四家"继之而起，又掀起了新的时代波澜。这一时期的主要作品有：《神仙起居法帖》、《韭花帖》。

111

• 帖学大行的宋代书法

从公元960年至1279年，300多年间，书法发展比较缓慢。宋太宗赵光义留意翰墨，购募古先帝王名臣墨迹，命侍书王著摹刻禁中，厘为十卷，这就是《淳化阁帖》。"凡大臣登二府，皆以赐焉。"帖中有一半是"二王"的作品。所以宋初的书法，是宗"二王"的。此后《绛帖》《潭帖》等，多从《淳化阁帖》翻刻。这种辗转传刻的帖，与原迹差别就会越后越大。所以同是宗王从帖，宋人远逊唐人。所以一些评家以为帖学大行，书道就衰微了。这是宋代书法不景气的原因之一。其次如米芾《书史》所指出的"趋时贵书"也造成了宋代书法每况愈下。米芾分析说："李宗锷主文既久，士子皆学其书。肥扁朴拙。以投其好，用取科第，自此惟趋时贵书矣。"宋室南渡之后，如《书林藻鉴》讲："高宗初学黄字，天下翕然学黄字；后作米字，天下翕然学米字……盖一艺之微，苟倡之自上，其风靡有如此者。"在这种风气笼罩之下，书法家能够按自己对书法艺术的理解去继承，革新的就不太多了。此宋代书法不十分景气的原因之二。总之，帖学大行和以帝王的好恶、权臣的书体为转移的情势，影响和限制了宋代书法的发展。

宋代为后世所推崇者有苏轼、黄庭坚、米芾和蔡襄四大家。四家之外，宋徽宗赵佶独树一帜，亦堪称道。这一时期主要作品有：《草书团扇》《寒光帖》《论书帖》。

YIN SHUA GAI BIAN SHI JIE

• 宗唐宗晋的元代书法

元初经济文化发展不大，书法总的情况是崇尚复古，宗法晋、唐而少创新。文宗天历初建奎章阁用以秘玩古物。元文宗常幸奎章阁欣赏法书名画，书法一度出现兴盛局面。赵孟頫、鲜于枢等名家，是这一时期书法的代表。他们主张书画同法，注重结字的体态。但元代书坛纯是继承晋唐，没有自己的时代风格，稍后于赵孟頫的康里夔夔还有些变化，奇崛独出于元代书坛。

纵观元代书法，其成就大者还在真行草书方面。至于篆隶，虽有几位名家，但并不怎么出色。这种以真、行、草书为主流的书法，发展到了清代才得到改变。这一时期主要作品有：《吴兴赋》。

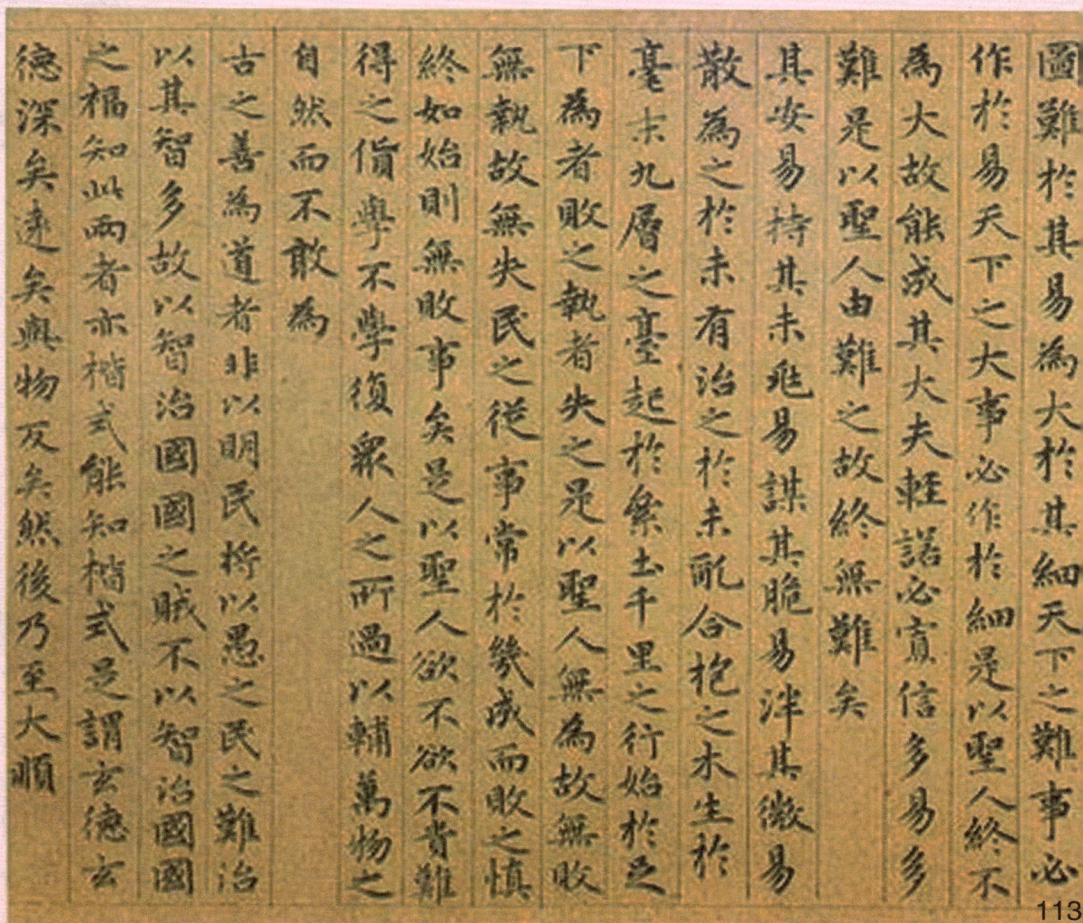

113

• 明代书法

　　明代近 3 个世纪中，朝廷诸皇帝都很喜欢书法。明成祖定都北京以后，即着手文治，诏求四方善书之士，充实宫廷，缮写诏令文书等。明代帝王如仁宗、宣宗也极爱书法，尤其喜摹"兰亭"，神宗自幼工书，不离王献之的《鸭头丸帖》、虞世南临写的《乐毅传》和米芾的《文赋》。所以，朝野士大夫重视帖学，都喜欢姿态雅丽的楷书、行书。明代像宋代一样也是帖学大盛的一代。

　　由于士大夫清玩风气和帖学的盛行，影响书法创作，所以整个明代书体以行楷居多，未能上溯秦汉北朝，篆、隶、八分及魏体作品几乎绝迹，而楷书皆以纤巧秀丽为美。这一时期主要作品有：《行书七律诗轴》、《急就章》。

YIN SHUA GAI BIAN SHI JIE

• 清代书法

清代是书道中兴的一代。清代初年，统治阶级采取了一系列稳定政治、发展经济文化的措施，故书法得以弘扬。明末遗民有些出仕从清，有些遁迹山林创造出各有特色的书法作品。顺治喜临黄庭坚，遗教二经；康熙推崇董其昌书，书风一时尽崇董书，这一时期，惟傅山和王铎能独标风格，另辟蹊径；乾隆时，尤重赵孟頫行楷书，空前宏伟的集帖《三希堂法帖》刻成，内府收藏的大量书迹珍品著录于《石渠宝笈》中，帖学至乾隆时期达到极盛，出现一批取法帖学的大家。

至清中期，古代的吉书、贞石、碑版大量

清代书法

YIN SHUA GAI BIAN SHI JIE

出土，兴起了金石学。嘉庆、道光时期，帖学已入穷途，当时的集大成者有刘墉，邓石如开创了碑学之宗，阮元和包世臣总结了书坛创作的经验。咸丰后至清末，碑学尤为昌盛。前后有康有为、伊秉绶、吴熙载、何绍基、杨沂孙、张裕钊、赵之谦、吴昌硕等大师成功地完成了变革创新，至此碑学书派迅速发展，影响所及直至当代。

纵观清代 260 余年，书法由继承、变革到创新，挽回了宋代以后江河日下的颓势，其成就可与汉唐并驾，各种字体都有一批造诣卓著的大家，可以说是书法的中兴时期。这一时期主要作品有：《石涛题画》、《行书论书轴》。

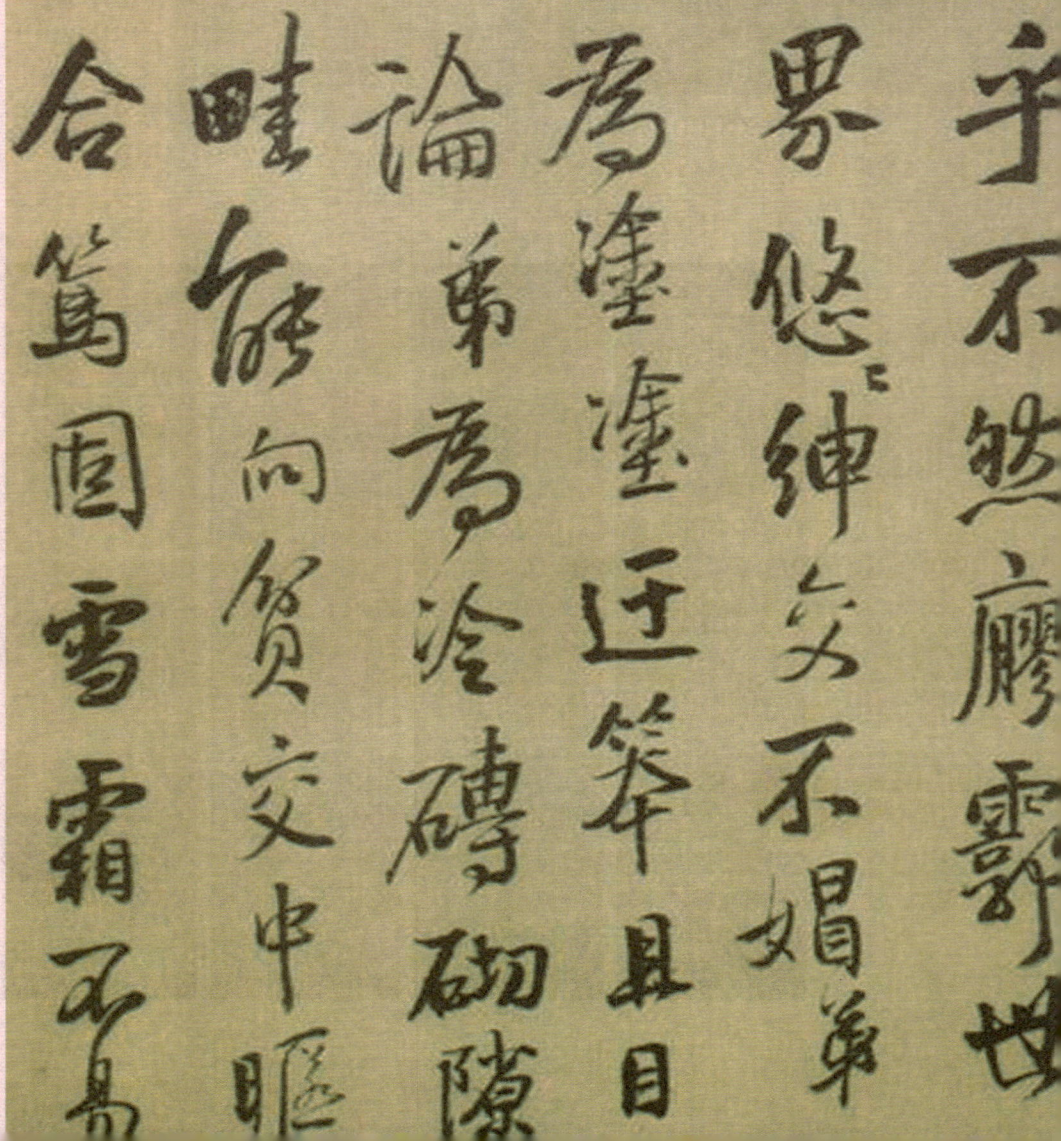

丁公陶文

中华文字库 >

　　通过书法史我们可以发现，最早期的汉字，作为记录信息的符号，在原始社会的遗迹中就已经存在了，如龙山文化时期的丁公陶文和龙虬庄陶文，都已经具有了一定的抽象性，有比较明确的行笔顺序，部分字形和安阳殷墟发现的甲骨文相近，已经可以视为早期的文字。另外还有仓颉造字的传说，《淮南子·本经训》记载："仓颉作书而天雨粟，鬼夜哭。"《说文解字·叙》："黄帝之史仓颉，见鸟兽蹄之迹，知分理之相别异也，初造书

龙虬庄陶文

117

契。"《汉学堂丛书》:"黄帝史皇氏,名颉……于是穷天地之变,指掌而创文字,天为雨粟,鬼为夜哭,龙乃潜藏。"根据以上记载,"仓颉造字"很可能真有其事,只不过不像传说中的那么神奇,而是对远古创造出的文字的一次官方性质的汇总和统一规范整理,这很可能是中国历史上最早的统一文字活动。现存的甲骨文,也应该是商代统一的官方文字,是上古时期官方统一文字的成果。随着社会生活的丰富和信息交流等需要,原有的文字被不断地赋予新的含义,或在原有文字的基础上不断加上新的笔画,使其产生新的含义,全新的文字符号也不断地被创造出来,早期的中华文字库就这样逐渐地丰富起来了。

不同地域人们所创造的新文字也各不相同,随之出现了地域性的文字。如西周时期的金文,文字较为统一规范,到了战国时期,发展出各式各样的地方

甲骨文

YIN SHUA GAI BIAN SHI JIE

金文

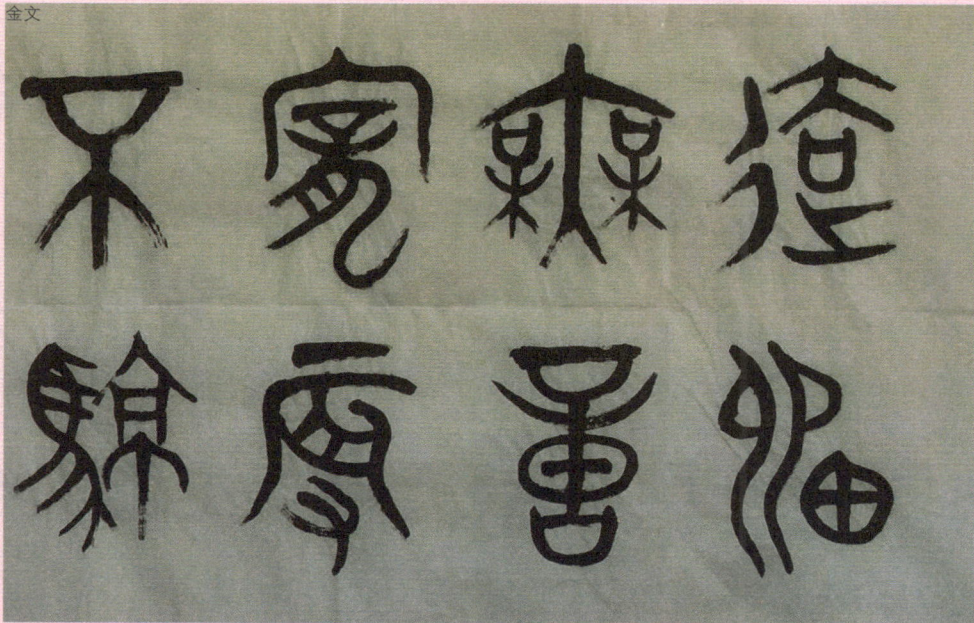

金文

文字，各国之间的文字有很多是不相通用的，这种地域化文字的字体各异，繁简不一，无疑在相互交流上产生了很大的障碍。秦国统一天下以后，实行"书同文"，以秦地篆书为基础，吸收六国文字的特色，创造出新的字体——"小篆"，小篆成为官方通行的文字。之后，汉代的隶书，魏晋以后的楷书，相继成为了官方通行的文

119

字。自唐代开始，楷书成为长久通用的官方文字，直至今天，楷书仍然是我们中国的通用字体，新中国的文字改革，也只是对文字的结构笔画进行了简化，而没有改变楷书的面貌，字体并没有发生新的演变。字体的演变进程好像被延迟或中断了，这不得不引起我们的思考，是什么原因导致了这种情况呢？

楷书

字体演进中断的原因 >

我们知道，汉字本身具有实用性（记录和传递信息）和艺术性（书写性、欣赏性）两种基本特征。汉字的书写性艺术性特征，在字体演变的过程中发挥着一定的作用，如由隶书到楷书的演变中，就有行书的艺术性特征和简便性因素。而唐代的褚遂良，正是在北派书法方正严谨书风的基础上，引入了王羲之行书的用笔特征，开创了唐代楷书的先河。

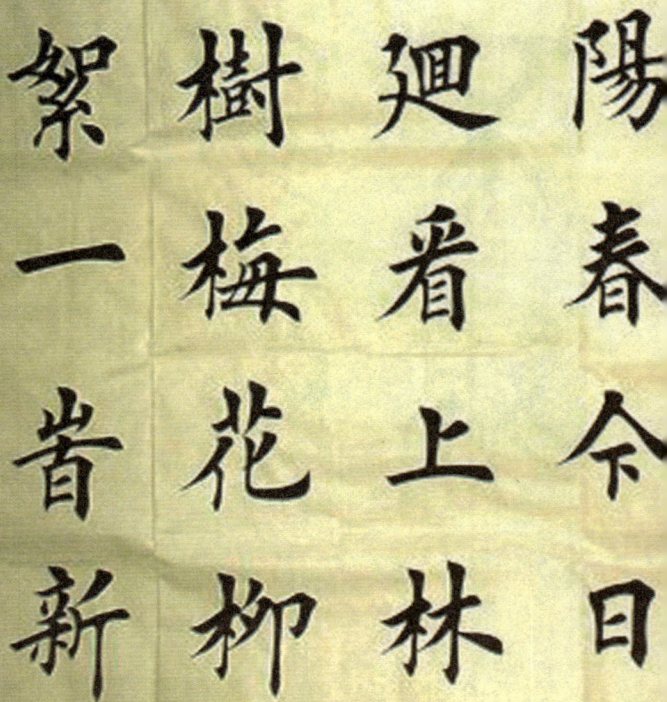

而作为汉字的实用性特征，应该是其发生演变的主要动力。如西周的金文，字体还相对简单，文字字义的通假现象还较普遍。到了战国后期，汉字的字数大量增加，字体笔画结构也繁复得多了，书写难度增加，速度也慢，而"书同文"之后的小篆，笔画结构顺畅，字体规范，不仅对大篆进行了简化，还更便于书写和辨认。字体"由繁入简"的变化就体现了文字实用性和便捷性的要求。小篆演变为隶书，隶书演变为楷书，都可以说是这一要求的体现。

　　有意思的是，汉字字体每完成一次大的演变后，新的字体作为官方要求的通用字被普遍使用，而旧的字体却并没有因为被替代而消亡掉，而是由实用性的身份转变成了艺术性的表现形式。如楷书成为官方通用的文字后，大篆、小篆、隶书等书体都成为了书法家笔下表现个性和张扬书法魅力的文字，更不用说草书和行书，更是书法家表现个性的

有力载体。这也许是世界文字史上一个很独特的现象了。

　　宋代以前，无论是公文、书籍著作，还是书信、经书，它们主要都是由人工书写抄写而成的，以今天的眼光来看，费时费力，效率很低。比如政府若有一道公文下发，便有专职的誊写人员进行多遍的重复抄写，然后下发到各地。书籍的产生也是如此。近代在敦煌藏经洞发现的大量的写经卷，都是手写而成的。古代有专门以抄写佛经为生的人，这种职业化的抄经人被称为"经生"，并且在这个群体中还产生了"写经体"。然而职业化的抄写，速度毕竟还是有限的，所以文字的传播便有了其他道路，即印刷术的出现。印刷术具体出现于何时大概无从确考，但历史上的一些事情却值得我们注意。现存的文物中就有春秋战国时期的官方印玺，作为权力和信用的凭证，它是用来在公文上盖印加戳的，大概可以算是印刷术的早期形式。

碑文

印刷术的发展成熟与汉字字体演化的中断 ＞

在唐代，一些大书法家书写出碑文，刻石后，立于庙堂之前，便有许多人拿纸前来拓印，然后把拓印好的碑文拿回去传抄临摹，有的碑刻还因拓印次数过多而导致石碑的字迹漫漶不清。这些事例告诉我们，在石碑上拓印字帖的技术在唐代已经很成熟了，这应该是印刷术发展的一个例子。现在有最早纪年的木版印刷遗存，是1900年敦煌藏经洞发现的唐代咸通九年（公元868年）印制的《金刚般若波罗蜜经》，图文并茂，印制精致美观，体现出了当时高超的木版雕刻和印刷技术。这一技术在之后的一千多年一直持续存在，直到今天仍未失传，我们所熟知的民间四大木版年画产地，现在用的仍然是这一技术。今天的四川甘孜州德格县，著名的德格印经院，仍然在使用古老的木版雕刻和印刷技术印制藏文经书。木版雕刻印刷术的成熟，在一定程度上加速了文字和文化的传播速度，而北宋毕昇发明的活字印刷术，无疑是文字传播史上具有更大意义的变革。雕版做字制模，也许宋体字的出现，在一定程度上是受了印刷术的影响或启发。总之，活字印刷术以楷书为基础，铸字排版，成批大量便捷的印刷，使大批量的书籍、文

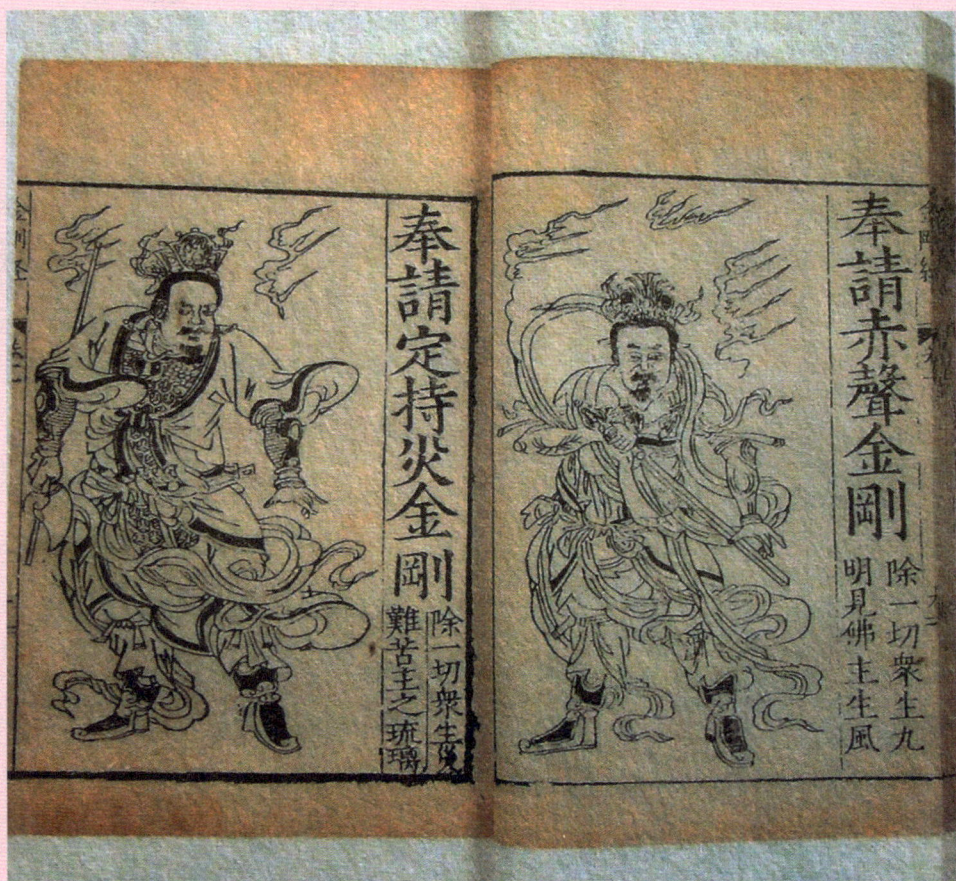

《金刚般若波罗蜜经》

印刷，刻版的工期长，而活字排版则更为便捷，它使文字书籍的印制时间大大缩短，印刷传播的速度大大加快。南宋时出现的宋体字，横平竖直，更便于刻字工人章、公文等的更快普及成为现实，使文字的传播由"书写时代"进入到了"印刷时代"。有些事情看似无多大关联，然而彼此间却存在着内在的联系与影响。活字

123

印刷术开始于北宋，而汉字字体的演变进程自宋代以后就没有继续发生，千年以来仍然是楷书作为官方使用和大众书写的文字流行于世。通过认真分析就会发现，印刷术的发展成熟与汉字字体演化的中断，这二者之间是存在着内在关联性的。

通观书法史，我们就会发现，一种字体的兴起，首先要有广泛的书写群体，接着，书写人群形成规模，字体逐渐发展成熟，大量的书写者达成共识，新的字体优于旧的字体，然后才能完成新旧字体的替代。例如，隶书字体来自民间和下层书吏，正是因其便捷性优于篆书，所以之后才代替篆书成为官方的标准字。楷书代替隶书也是如此，都是先发自民间，再由官方统一推行，进而推动字体的演变

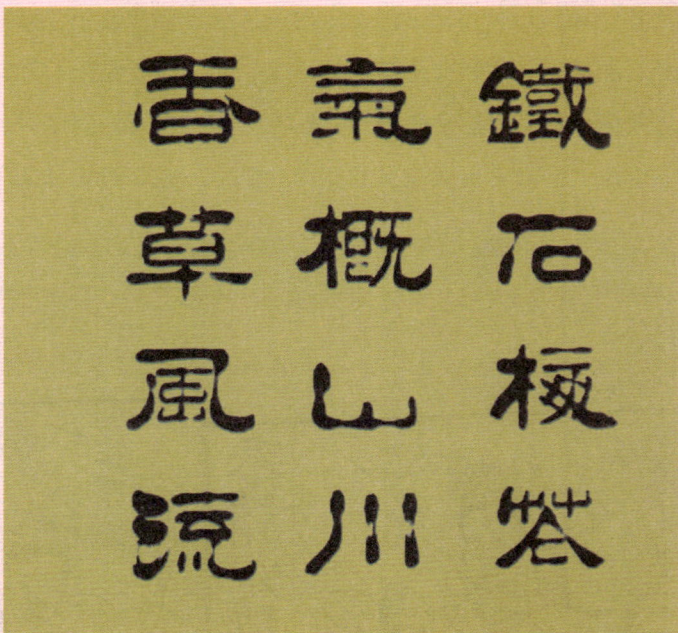

隶书字体

隶书字体

YIN SHUA GAI BIAN SHI JIE

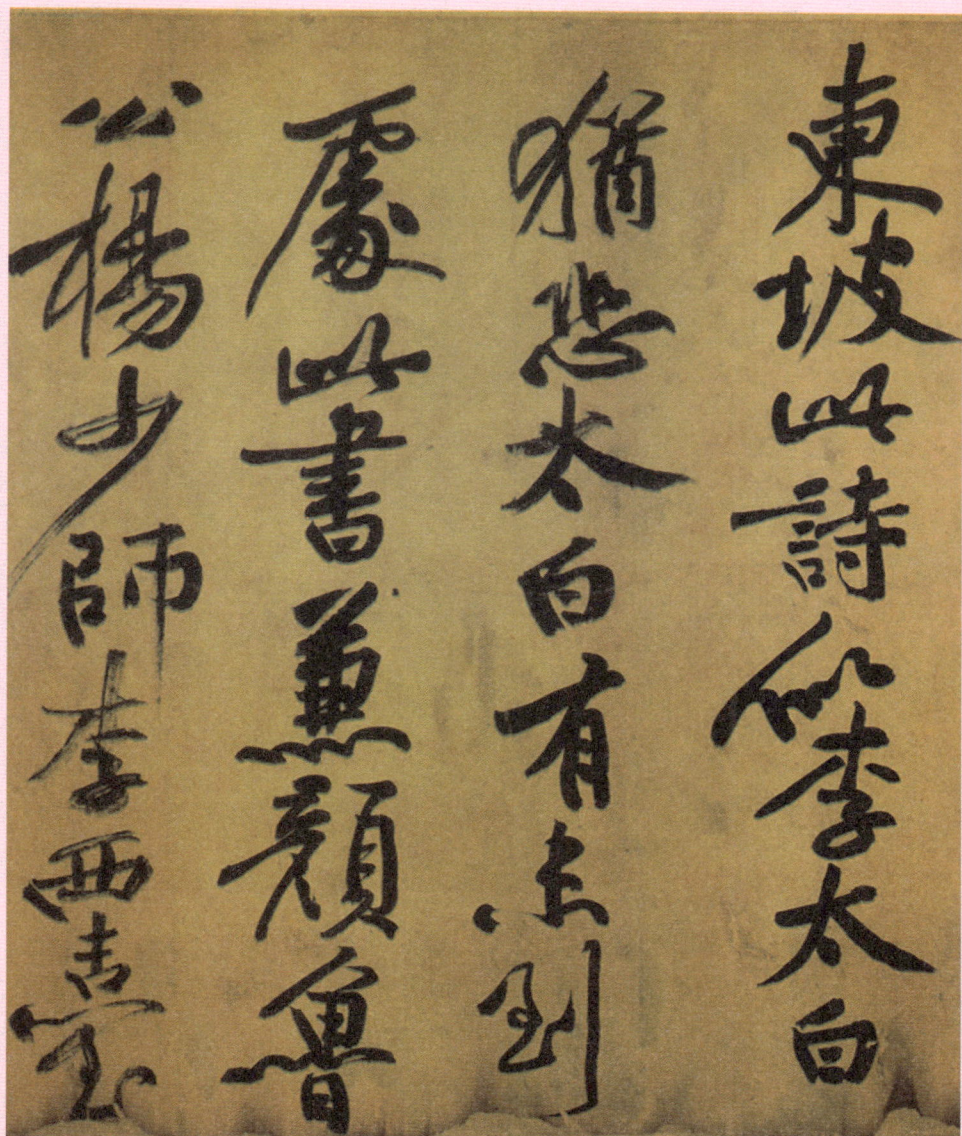

东坡此诗似李太白

犹恐太白有未到

庶几书类颜鲁公

杨少师李西台

苏黄米蔡传世名帖

替代。民间的、地方的、有广泛群众基础的、较为成熟的新字体，在演变基本充分的基础上由官方完成其规范化和统一化。而印刷术发展以后，特别是活字印刷术的普及，书籍、公文等再也不需要费时费力地多遍抄写，专职的抄写人迅速减少。印刷书籍的普及，书吏、写经人等文字书写群体的减少，客观上使文字的演

125

YIN SHUA GAI BIAN SHI JIE

明代早期书法

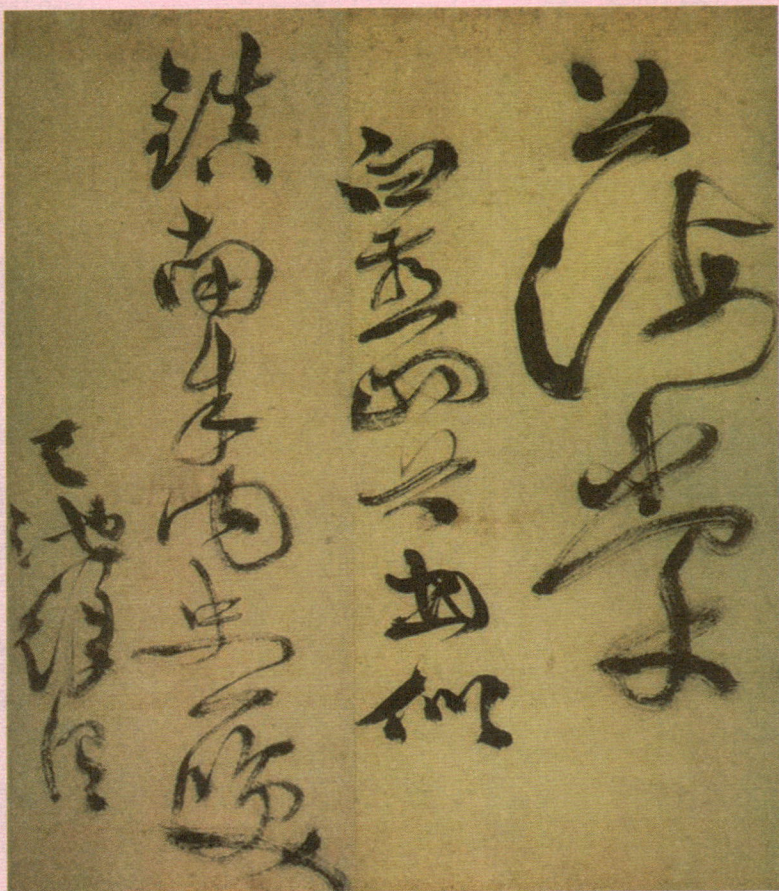

化失去了广泛的书写基础。"印刷时代"到来以后文化人写字,要么是按照官方的楷书规范或科举制度来练习,要么就是文人们为了追求个性的书法艺术。由此可见,正是唐宋以来印刷术的不断发展和普及,汉字几千年来自然的演化进程才被大大延缓乃至停滞了。统一规范的印刷书籍文字越来越普遍,促进了文化的传播与普及,文字由上古时期少数人的

专利,越来越广泛地进入到社会的各个阶层,作为记录和传递信息的媒介工具,成为了更多人日常生活中信息交流、文化传播的一部分,同时"规范汉字"也成为一种常识。而作为艺术性表现的文字,追求的不是统一规范,而是书法家的个人性情和审美修养。正是在文字越来越规范普及的情况下,书法家对文字的书写性艺术性的追求才成为了个性表达的主要方

126

明代早期书法

式。特别是宋代以后，从苏黄米蔡到元明清乃至现代各家各派大量的书家，他们无不是在极力地突出个人审美情趣，强调个人风格。也正是在这个意义上，"书法"也成为了与"规范字"相对立的一个概念，成为了专门的汉字书写的艺术形式。

如今，随着电脑的普及，"打字时代"的到来，从中学生到大学生乃至办公职员，很多人把文字书写这一过程都省去了，代之的是电脑键盘的敲击打字和排版，然后直接用打印机输出成文，整个过程都和传统意义上的书写拉开了质的距离。在这种情况下，很多人在不得不拿笔写字的时候，常用的字可能都记不准写不出来，更谈不上在大量书写实践的基础上进行日积月累的文字演变了。从这个意义上讲，新形势下的电脑打字的普及，更进一步地延缓或改变了汉字几千年来自然演化的进程。

透过诗文看社会

一个时代的文学作品反映了那个时代的社会环境，从古人们的诗文中我们也可以找到当时印刷术发展对于社会发展及人们生活所带来的影响，唐代诗人杜甫的《李潮八分小篆歌》就是对当时印刷术及汉字发展的真实写照。

《李潮八分小篆歌》
苍颉鸟迹既茫昧，字体变化如浮云。
陈仓石鼓又已讹，大小二篆生八分。
秦有李斯汉蔡邕，中间作者寂不闻。
峄山之碑野火焚，枣木传刻肥失真。
苦县光和尚骨立，书贵瘦硬方通神。
惜哉李蔡不复得，吾甥李潮下笔亲。
尚书韩择木，骑曹蔡有邻。
开元已来数八分，潮也奄有二子成三人。
况潮小篆逼秦相，快剑长戟森相向。
八分一字直百金，蛟龙盘拏肉屈强。
吴郡张颠夸草书，草书非古空雄壮。
岂如吾甥不流宕，丞相中郎丈人行。
巴东逢李潮，逾月求我歌。
我今衰老才力薄，潮乎潮乎奈汝何。

版权所有　侵权必究

图书在版编目（CIP）数据

印刷改变世界/李应辉编著.—长春：北方妇女
儿童出版社，2015.7（2021.3重印）
（科学奥妙无穷）
ISBN 978-7-5385-9348-8

Ⅰ.①印… Ⅱ.①李… Ⅲ.①印刷史—中国—青少年
读物 Ⅳ.①TS8-092

中国版本图书馆CIP数据核字（2015）第146839号

印刷改变世界
YINSHUAGAIBIANSHIJIE

出　版　人	刘　刚	
责任编辑	王天明　鲁　娜	
开　　本	700mm×1000mm　1/16	
印　　张	8	
字　　数	160千字	
版　　次	2016年4月第1版	
印　　次	2021年3月第3次印刷	
印　　刷	汇昌印刷（天津）有限公司	
出　　版	北方妇女儿童出版社	
发　　行	北方妇女儿童出版社	
地　　址	长春市人民大街5788号	
电　　话	总编办：0431-81629600	

定　　价：29.80元